复变函数
及其在自动控制中的应用

史大威　俞成浦　刘坤　于灏◎编著

FUNCTIONS OF COMPLEX VARIABLES
AND APPLICATIONS
IN AUTOMATIC CONTROL

北京理工大学出版社
BEIJING INSTITUTE OF TECHNOLOGY PRESS

内 容 简 介

本书是一本为自动化及相关专业本科生设计的“复变函数”教材，旨在结合自动控制理论与应用，为学生介绍复变函数的知识。本书内容分为6章，主要包括复数与复变函数、解析函数及其积分与级数、留数及在积分计算中的应用、保角映射等。

与面向所有专业的“复变函数”教材相比，本书侧重强调复变函数与自动控制的密切联系，希望能让读者更加具体地了解“复变函数”课程内容与后续相关专业课学习的关联关系。通过案例分析和实际应用，读者能够初步了解复变函数理论在系统建模、控制算法设计及信号处理中的关键作用，从而提升对课程学习的兴趣和目的性，增强对基础数学知识学习的重视，为未来的学术和职业发展奠定坚实的基础。

图书在版编目(CIP)数据

复变函数及其在自动控制中的应用 / 史大威等编著. -- 北京：北京理工大学出版社，2023.9
ISBN 978-7-5763-2939-1

Ⅰ. ①复… Ⅱ. ①史… Ⅲ. ①复变函数-应用-自动控制-研究 Ⅳ. ①TP273

中国国家版本馆CIP数据核字(2023)第190599号

责任编辑：曾　仙　　**文案编辑**：曾　仙
责任校对：周瑞红　　**责任印制**：李志强

出版发行 / 北京理工大学出版社有限责任公司
社　　址 / 北京市丰台区四合庄路6号
邮　　编 / 100070
电　　话 / (010) 68944439 (学术售后服务热线)
网　　址 / http://www.bitpress.com.cn

版 印 次 / 2023年9月第1版第1次印刷
印　　刷 / 三河市华骏印务包装有限公司
开　　本 / 710 mm×1000 mm　1/16
印　　张 / 12.5
字　　数 / 205千字
定　　价 / 56.00元

图书出现印装质量问题，请拨打售后服务热线，负责调换

PREFACE

前言

“复变函数”又称“复分析”，主要用于分析复数、复变量之间的依赖关系，重点用于研究解析函数及其性质. 复变函数论是一门古老但富有生命力的学科，这一学科的理论基础由柯西、维尔斯特拉斯、黎曼等贡献卓著的数学家奠定. 复变函数论广泛应用于自然科学研究，如理论物理、空气动力学、流体力学、地质学等. 该学科是工程数学的重要组成部分，在诸多工程学科（特别是自动化学科）中被广泛应用，为经典与现代控制理论发展提供了重要的数学分析工具. “复变函数”课程是诸多工科专业（特别是自动化和电气工程及其自动化专业）的一门基础课. 在自动化类本科专业中，该课程是“信号与系统”“自动控制原理”“模拟电路基础”等自动化本科专业的许多主干课程的基础，也为“线性系统理论”“采样控制理论”“系统辨识”等控制科学与工程专业研究生课程的学习提供重要数学工具. 这门课程的授课质量和学习效果直接影响到学生对自动化专业的认知能力和在本硕博一体化背景下学生的整体发展潜力. 特别地，“复变函数与积分变换”课程一般安排在大二上学期，在培养方案中处于学生在掌握“数学分析”等基础课程后向自动化专业本科课程乃至研究生阶段高级专业课程过渡的关键阶段. 目前，该课程通常采用面向所有工科学生编写的“复变函数”方面的教材，由于这些教材的内容与自动化领域知识和专业课程的关联关系不明确，因此学生在学习时很难体会到相关知识的重要性；而且，这门课程对自动化专业其他课程的关键串联作用也无法体现.

基于以上考虑，我们编写此书，其目的在于为自动化专业的学生提供一本与专业知识密切结合的“复变函数”教材. 本书主要有以下几方面特点：其一，本书汇总了传统的“复变函数”方面教材的优点，涵盖了“复变函数”课程的主要核心知识点；其二，本书在第1章介绍了复数和复分析在经典控制系统分析与设计中的重要作用，并在此基础上介绍了复变函数与自动化主要专业课程之间的关联关系，为学生厘清了学习的目的和方向；其三，本书在各章均讨论了复变函数在自动化中的相关应用举例，便于学生更加具体地了解复变函数课程内容与后续专业课学习的关系.

本书共分为6章，第1章介绍复数和复变函数，第2章介绍解析函数，第3章、第4章分别从积分、级数的角度研究解析函数的性质，第5章研究留数及其在积分计算中的应用，第6章介绍共形映射. 特别地，每章最后均包含了相关知识在自动控制中应用的小节（以★标识），这些内容一般不做考试要求，建议学生对此大概了解，用于扩充知识面，为后续自动化专业课程学习做铺垫；部分课后习题较为典型或重要（以*标识），建议读者认真完成这些习题，以强化对相关理论和方法的理解和应用。

在本书编写过程中，得到了北京理工大学自动化学院、数学学院的领导和同人的指导和支持，研究生张乔一、刘心慧、王玮、冯苏豪、高天然、杨溢、孔德堃、冯士伦、郑润泽、郑凯凯参与了部分内容的编写、校稿和修改，在此向他们表示衷心感谢！

由于作者水平有限，书中难免有不妥之处，恳请读者批评指正。

编　者

目　录
CONTENTS

第 1 章

复数和复变函数

本章围绕复数及复平面的基本性质展开介绍，主要内容包括复数及其基本运算、复平面上的曲线和区域，以及复变函数的极限及其连续性. 最后，本章将介绍复数和复变函数在自动控制中的应用.

1.1 复数及其运算

1.1.1 复数的概念及几何表示

复数在实际中有广泛的应用，如在电路分析中复电流和复电压都是用复数表示的. 在本书中，虚数单位用 i 表示，满足 $i^2 = -1$.

定义 1.1

设 x 与 y 是任意两个实数，形如 $x+yi$ 或 $x+iy$ 的数称为复数，通常记作 $z=x+iy$，其中 x 与 y 分别称为复数 z 的实部（real part）和虚部（imaginary part），分别记为 $x=\operatorname{Re} z$，$y=\operatorname{Im} z$. 记 $\bar{z}=x-iy$，称它为复数 $z=x+iy$ 的共轭复数.

例如，对复数 $z=7+\sqrt{2}i$，有 $\operatorname{Re} z=7$，$\operatorname{Im} z=\sqrt{2}$，其共轭复数是 $\bar{z}=7-\sqrt{2}i$. 当 $y\neq 0$ 时，称复数 z 为**虚数**；当 $x=0$，$y\neq 0$ 时，称复数 z 为**纯虚数**；当 $y=0$（即 $z=x$）时，复数 z 就是实数，因此复数是对实数的拓展. 如果两个复数的实部和虚部分别相等，那么称这两个复数**相等**，即

$$x_1+iy_1=x_2+iy_2,$$

当且仅当

$$x_1=x_2,\ y_1=y_2.$$

一个复数 $z=x+\mathrm{i}y$ 由一个实数对 (x,y) 唯一确定，它与平面直角坐标系中以 (x,y) 为坐标的点 P 一一对应（图 1－1）. 因此，可以用平面上的点来表示复数 $z=x+\mathrm{i}y$. 此时，“复数 z” 也称 “点 z” 或 “向量 z”，并将这种用来表示复数的平面称为**复平面**，也称为 **z 平面**，其中横轴称为**实轴**，纵轴称为**虚轴**.

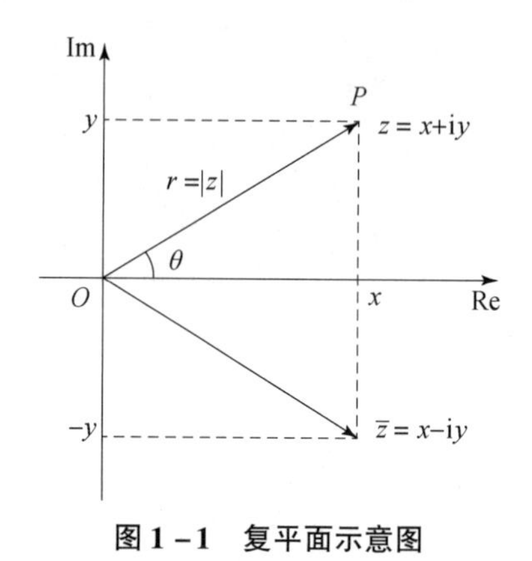

图 1－1　复平面示意图

在复平面上，复数 $z=x+\mathrm{i}y$ 从原点 O 指向点 P 的向量 $\overrightarrow{OP}$ 也是一一对应的，因此也可以用向量 $\overrightarrow{OP}$ 表示复数 z. 向量 $\overrightarrow{OP}$ 的长度 r 称为 z 的**模**或**绝对值**，记作 $|z|=r$.

定义 1.2

当 $z\neq0$ 时，将以正实轴为始边，以复向量 z 为终边的转动角看作向量 z 与正实轴的夹角 θ，称为复数 z 的辐角（argument），记为 $\mathrm{Arg}\,z=\theta$.

于是有

$$x=r\cos\theta,\ y=r\sin\theta. \tag{1.1}$$

$$r=|z|=\sqrt{x^2+y^2}. \tag{1.2}$$

复数 $z=0$ 的模为零，其辐角是不确定的. 任何不为零的复数 z 的辐角 $\mathrm{Arg}\,z$ 均有无穷多个值，彼此之间相差 2π 的整数倍，而满足 $-\pi<\mathrm{Arg}\,z\leqslant\pi$ 的辐角值是唯一的，称该值为**辐角主值**，记作 $\arg z$，于是

$$\operatorname{Arg} z = \arg z + 2k\pi \quad (k=0, \pm 1, \pm 2, \cdots) \tag{1.3}$$

并且可以用复数 z 的实部和虚部来表示辐角主值 $\arg z$：

$$\arg z = \begin{cases} \arctan \dfrac{y}{x}, & x>0, \\ \arctan \dfrac{y}{x} + \pi, & x<0, y>0, \\ \arctan \dfrac{y}{x} - \pi, & x<0, y<0, \\ \pm \dfrac{\pi}{2}, & x=0, y\neq 0, \\ \pi, & x<0, y=0, \end{cases} \tag{1.4}$$

式中，$-\dfrac{\pi}{2} < \arctan \dfrac{y}{x} < \dfrac{\pi}{2}$.

复数 $z = x + \mathrm{i}y$ 是复数的**代数表达式**，由式（1.1）可得

$$z = x + \mathrm{i}y = r(\cos\theta + \mathrm{i}\sin\theta). \tag{1.5}$$

式（1.5）通常称为复数的**三角表达式**. 如果结合欧拉（Euler）公式：$\mathrm{e}^{\mathrm{i}\theta} = \cos\theta + \mathrm{i}\sin\theta$，可得

$$z = r\mathrm{e}^{\mathrm{i}\theta}. \tag{1.6}$$

式（1.6）称为复数的**指数表达式**.

例 1.1 计算 $z = 1 - \mathrm{i}$ 的模、辐角和其三角表达式.

解： 显然 $|z| = \sqrt{2}$ 且 $\arg z = -\dfrac{\pi}{4}$，于是由式（1.3）得

$$\operatorname{Arg} z = -\frac{\pi}{4} + 2k\pi \quad (k=0, \pm 1, \pm 2, \cdots)$$

其三角表达式为

$$z = 1 - \mathrm{i} = \sqrt{2}\left[\cos\left(-\frac{\pi}{4}\right) + \mathrm{i}\sin\left(-\frac{\pi}{4}\right)\right].$$

1.1.2 复数的代数运算

定义 1.3

设 $z_1 = x_1 + \mathrm{i}y_1$，$z_2 = x_2 + \mathrm{i}y_2$，则复数的四则运算定义可叙述为

$$z_1 \pm z_2 = (x_1 \pm x_2) + \mathrm{i}(y_1 \pm y_2).$$

$$z_1 \cdot z_2 = (x_1x_2 - y_1y_2) + \mathrm{i}(x_1y_2 + x_2y_1).$$

$$\frac{z_1}{z_2} = \frac{x_1 + \mathrm{i}y_1}{x_2 + \mathrm{i}y_2} = \frac{x_1x_2 + y_1y_2}{x_2^2 + y_2^2} + \mathrm{i}\,\frac{x_2y_1 - x_1y_2}{x_2^2 + y_2^2},\ z_2 \neq 0.$$

与实数的四则运算一样，复数加法满足结合律与交换律，复数乘法满足结合律与交换律，加法与乘法满足分配律，读者可自行验证.

基于以上定义，我们可以介绍有关共轭复数的几个运算性质：

- $\overline{z_1 \pm z_2} = \overline{z_1} \pm \overline{z_2}$；
- $\overline{z_1 \cdot z_2} = \overline{z_1} \cdot \overline{z_2}$；
- $\overline{\left(\dfrac{z_1}{z_2}\right)} = \dfrac{\overline{z_1}}{\overline{z_2}}$，$z_2 \neq 0$；
- $z\overline{z} = x^2 + y^2 = (\mathrm{Re}\, z)^2 + (\mathrm{Im}\, z)^2$；
- $\mathrm{Re}\, z = \dfrac{1}{2}(z + \overline{z})$，$\mathrm{Im}\, z = \dfrac{1}{2\mathrm{i}}(z - \overline{z})$.

在计算复数除法时，可以用共轭复数的运算性质对表达式进行简化，即

$$\frac{z_1}{z_2} = \frac{z_1 \overline{z_2}}{z_2 \overline{z_2}} = \frac{z_1 \overline{z_2}}{|z_2|^2} = \frac{z_1 \overline{z_2}}{[\mathrm{Re}\, z_2]^2 + [\mathrm{Im}\, z_2]^2}.$$

复数也被称为复向量，这一点可以从复数加减法的表达式与向量的加减法一致看出. 因此，复数加法可以用向量加法的三角形法则在图上作出，如图 1－2（a）所示；同理，复数减法作为加法的逆运算，也可以通过三角形法则作图，如图 1－2（b）所示.

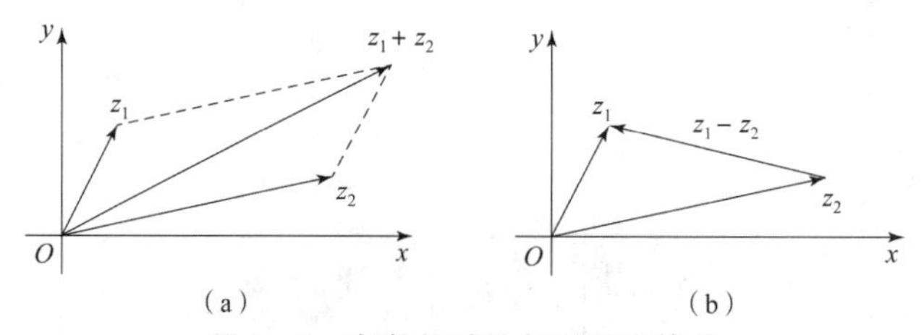

图 1－2　复数加减法与三角不等式

图 1－2（b）中，向量 $\overrightarrow{Oz_1}$ 减去向量 $\overrightarrow{Oz_2}$ 所得的差就是从点 z_2 到点 z_1 的向量，这个向量所对应的复数是 $z_1 - z_2$，注意到这个向量的长度就是复数 $z_1 - z_2$ 的模，由此可得以下结论：对任意两个复数 z_1 与 z_2，$|z_1 - z_2|$ 就是复平面上点 z_1 与点 z_2 之间的距离. 根据三角形三边关系（在三角形中，任意两边之和大于第三边，任意两边之差小于第三边），可得关于复数模的三角不等式：

$$\begin{cases} \big||z_1| - |z_2|\big| \leqslant |z_1 - z_2|, \\ |z_1 + z_2| \leqslant |z_1| + |z_2|. \end{cases} \tag{1.7}$$

有时，先将复数表示成三角式再进行乘除运算，可比直接用代数式运算更加简便．对于复数$z_1=r_1(\cos\theta_1+\mathrm{i}\sin\theta_1)$，$z_2=r_2(\cos\theta_2+\mathrm{i}\sin\theta_2)$，复数乘除法的三角表示式为

- $$\begin{aligned}z_1z_2&=[r_1(\cos\theta_1+\mathrm{i}\sin\theta_1)][r_2(\cos\theta_2+\mathrm{i}\sin\theta_2)]\\&=r_1r_2[(\cos\theta_1\cos\theta_2+\sin\theta_1\sin\theta_2)+\mathrm{i}(\sin\theta_1\cos\theta_2+\cos\theta_1\sin\theta_2)]\\&=r_1r_2[\cos(\theta_1+\theta_2)+\mathrm{i}\sin(\theta_1+\theta_2)].\end{aligned}$$
- $$\begin{aligned}\frac{z_1}{z_2}&=\frac{r_1(\cos\theta_1+\mathrm{i}\sin\theta_1)}{r_2(\cos\theta_2+\mathrm{i}\sin\theta_2)}=\frac{r_1}{r_2}(\cos\theta_1+\mathrm{i}\sin\theta_1)(\cos\theta_2-\mathrm{i}\sin\theta_2)\\&=\frac{r_1}{r_2}[\cos(\theta_1-\theta_2)+\mathrm{i}\sin(\theta_1-\theta_2)]\quad(z_2\neq0).\end{aligned}$$

由此可知，把两个复数相乘，只要把它们的模对应相乘，辐角相加即可；把两个复数相除，只要把它们的模对应相除，辐角相减即可，即

- $|z_1z_2|=|z_1||z_2|$，
- $\left|\dfrac{z_1}{z_2}\right|=\dfrac{|z_1|}{|z_2|}$，
- $\mathrm{Arg}(z_1z_2)=\mathrm{Arg}\,z_1+\mathrm{Arg}\,z_2$，
- $\mathrm{Arg}\left(\dfrac{z_1}{z_2}\right)=\mathrm{Arg}\,z_1-\mathrm{Arg}\,z_2$.

定义 1.4

将 n 个相同的复数 z 的乘积称为 z 的 n 次幂，记为 z^n．设 $z=r(\cos\theta+\mathrm{i}\sin\theta)$，则有

$$z^n=r^n[\cos(n\theta)+\mathrm{i}\sin(n\theta)].$$

特别地，当 z 的模 $r=1$（即 $z=\cos\theta+\mathrm{i}\sin\theta$）时，有

$$(\cos\theta+\mathrm{i}\sin\theta)^n=\cos(n\theta)+\mathrm{i}\sin(n\theta).\tag{1.8}$$

这就是著名的**棣莫弗**（De Moivre）**公式**，它是计算三角函数中 n 倍角的正弦和余弦的重要公式.

例 1.2　计算 $(-1+\mathrm{i})^{10}$.

解：由三角式 $-1+\mathrm{i}=\sqrt{2}\left(\cos\dfrac{3\pi}{4}+\mathrm{i}\sin\dfrac{3\pi}{4}\right)$，可得

$$(-1+\mathrm{i})^{10}=(\sqrt{2})^{10}\left(\cos\frac{30\pi}{4}+\mathrm{i}\sin\frac{30\pi}{4}\right)$$
$$=32\left[\cos\left(-\frac{\pi}{2}\right)+\mathrm{i}\sin\left(-\frac{\pi}{2}\right)\right]$$
$$=-32\mathrm{i}.$$

定义 1.5

对于复数 z 和 w，若 $w^n=z$，则称 w 是 z 的 n 次方根，记为$\sqrt[n]{z}$，即

$$w=\sqrt[n]{z}\quad(n=1,2,\cdots).$$

为了从已知复数 $z(z\neq0)$ 求出其 n 次方根 w，我们把 z 与 w 均用三角表达式写出. 设

$$z=r(\cos\theta+\mathrm{i}\sin\theta),\ w=\rho(\cos\varphi+\mathrm{i}\sin\varphi).$$

由 n 次方根的定义及棣莫弗公式有

$$\rho^n[\cos(n\varphi)+\mathrm{i}\sin(n\varphi)]=r(\cos\theta+\mathrm{i}\sin\theta).$$

根据复数相等的概念，且考虑到辐角的多值性，有

$$\rho^n=r,\ n\varphi=\theta+2k\pi\quad(k=0,\pm1,\pm2,\cdots)$$

即有

$$\rho=\sqrt[n]{r},\ \varphi=\frac{2k\pi+\theta}{n},$$

其中，$\sqrt[n]{r}$为算术根. 因此，

$$w_k=\sqrt[n]{z}=\sqrt[n]{r}\left(\cos\frac{\theta+2k\pi}{n}+\mathrm{i}\sin\frac{\theta+2k\pi}{n}\right).\tag{1.9}$$

这就是所求的 z 的 n 次方根. 从式（1.9）可以看出，当 $k=0,1,2,\cdots,n-1$ 时，能够得到 n 个相异的值，即

$$w_0=\sqrt[n]{r}\left(\cos\frac{\theta}{n}+\mathrm{i}\sin\frac{\theta}{n}\right),$$
$$w_1=\sqrt[n]{r}\left(\cos\frac{\theta+2\pi}{n}+\mathrm{i}\sin\frac{\theta+2\pi}{n}\right),$$

……

$$w_{n-1}=\sqrt[n]{r}\left(\cos\frac{\theta+2(n-1)\pi}{n}+\mathrm{i}\sin\frac{\theta+2(n-1)\pi}{n}\right).$$

当 k 取其他整数值时，将重复出现上述 n 个值. 因此，一个非零复数 z 的 n 次方根**有且仅有 n 个不同值**，在几何上看，w 的 n 个值均匀分布在以原点为圆心、$\sqrt[n]{|z|}$ 为半径的圆周上，它们是该圆周的内接正 n 边形的 n 个顶点.

例 1.3　求 $\sqrt[4]{-4}$ 的 4 个根.

解：由三角式 $-4=4(\cos\pi+\mathrm{i}\sin\pi)$，利用式（1.9）可得

$$w_k=\sqrt[4]{-4}=\sqrt[4]{4}\left(\cos\frac{\pi+2k\pi}{4}+\mathrm{i}\sin\frac{\pi+2k\pi}{4}\right)$$

$$=\sqrt{2}\left(\cos\frac{\pi+2k\pi}{4}+\mathrm{i}\sin\frac{\pi+2k\pi}{4}\right).$$

取 $k=0,1,2,3$，可得其四个根分别为

$$w_0=\sqrt{2}\left(\cos\frac{\pi}{4}+\mathrm{i}\sin\frac{\pi}{4}\right)=1+\mathrm{i},$$

$$w_1=\sqrt{2}\left(\cos\frac{3\pi}{4}+\mathrm{i}\sin\frac{3\pi}{4}\right)=-1+\mathrm{i},$$

$$w_3=\sqrt{2}\left(\cos\frac{5\pi}{4}+\mathrm{i}\sin\frac{5\pi}{4}\right)=-1-\mathrm{i},$$

$$w_4=\sqrt{2}\left(\cos\frac{7\pi}{4}+\mathrm{i}\sin\frac{7\pi}{4}\right)=1-\mathrm{i}.$$

1.1.3　扩充复平面与复球面

在建立复数与复平面上点的一一对应关系后，为了建立扩充复平面的概念，需要引入复数的另一种几何表示，即用球面上的点来表示复数.

将 xOy 平面看作复平面，取一个与复平面切于原点 O 的球面，球面上的一点 S 与复平面上原点重合（图 1－3），记点 S 为球面南极. 过点 S 作垂直于复平面的直线，与球面交于点 N，记点 N 为球面北极. 设 P 为球面上的任意一点，从球面北极 N 作射线 NP，它与复平面的交点是唯一的，必交于一点 Q，它在复平面上表示一个模为有限的复数. 同理，从球面北极 N 出发，且过复平面上任意一条模为有限的点 Q 的射线，也必交于球面上的一个点，记作 P. 于是复平面上的点 Q 与球面的点 P（$P\neq N$）建立了一一对应关系.

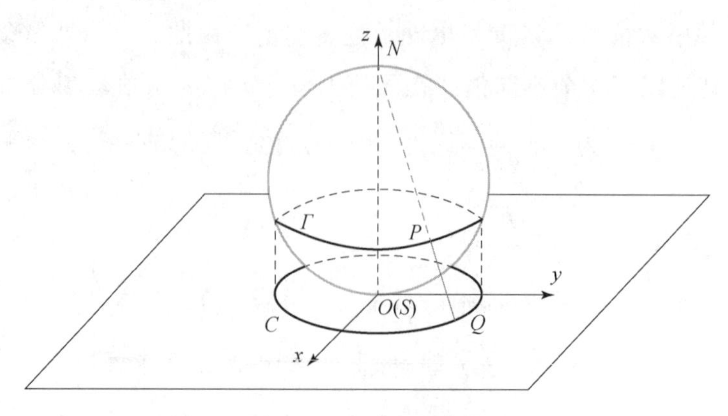

图 1-3　复球面示意图

对于复平面上一个以原点为圆心的圆周 C，其在球面上对应的图形也是一个圆周 Γ. 圆周 C 的半径越大，圆周 Γ 就越趋于北极 N. 因此，可以把复平面上各个方向上趋向无穷远的极限点看作一个模为无穷大的假想点，球面北极 N 可以看成与这个复平面上的假想点相对应，这个唯一的假想点称为**无穷远点**，记作 ∞. 在数学上，将**包含点 ∞ 的复平面称为扩充复平面**，又称不含点 ∞ 的复平面为有限复平面，或简称为复平面. 在本书中，若无特殊声明，复平面都指有限复平面，复数 z 都指模为有限值的有限复数.

与扩充复平面上的点一一对应的就是整个球面，称为**复球面**或 Riemann 球面.

需要说明的是，作为有限复数 z 的极限复数 ∞，它与有限复平面上的所有有限复数 a 的四则运算应当进行规定. 规定 $a \pm \infty = \infty \pm a = \infty$，且当 $a \neq 0$ 时，规定 $\infty \cdot a = a \cdot \infty = \infty \cdot \infty = \infty$，$\dfrac{\infty}{a} = \infty$，$\dfrac{a}{\infty} = 0$. 另外，$\infty$ 的实部、虚部和辐角都无意义，$\infty \pm \infty$，$0 \cdot \infty$，$\dfrac{\infty}{\infty}$ 均无意义.

1.2　复平面上曲线和区域

1.2.1　复平面上曲线方程的表示方法

平面曲线方程有直角坐标方程和参数方程两种形式，复平面上的曲线方程也可写成相应的两种形式.

1.2.1.1　曲线直角坐标方程的复数形式

在实平面内，曲线 C 的一般方程表示为

$$F(x,y)=0.$$

设 $z=x+\mathrm{i}y$，由共轭复数的定义可知

$$x=\frac{z+\bar{z}}{2},\ y=\frac{z-\bar{z}}{2\mathrm{i}}.$$

代入该曲线的一般方程，可得复平面上曲线 C 的一般方程表示为

$$F\left(\frac{z+\bar{z}}{2},\frac{z-\bar{z}}{2\mathrm{i}}\right)=0. \tag{1.10}$$

可以将式（1.10）记为 $F(\mathrm{Re}\,z,\mathrm{Im}\,z)=0$.

例如，$\mathrm{Re}\,z=0$ 表示虚轴，$\mathrm{Im}\,z=0$ 表示实轴，方程 $\mathrm{Im}\,z=1$ 和 $z-\bar{z}=2\mathrm{i}$ 都表示直线 $y=1$. 又如，圆周 $(x-x_0)^2+(y-y_0)^2=R^2$ 可以表示为

$$|z-z_0|=R,$$

其中，$z_0=x_0+\mathrm{i}y_0$ 为圆心，$|z-z_0|$ 为动点 z 到定点 z_0 的距离. 由此可以看出，用复数 $z=x+\mathrm{i}y$ 表示曲线上的动点，可以直接写出其轨迹方程. 例如，到点 z_1 和点 z_2 等距离的动点轨迹为连接这两点线段的垂直平分线，其方程为 $|z-z_1|=|z-z_2|$.

1.2.1.2　曲线参数方程的复数形式

在实平面内，曲线 C 除了用一般方程表示外，还可以用如下参数方程来表示：

$$\begin{cases} x=x(t) \\ y=y(t) \end{cases} \quad (\alpha\leqslant t\leqslant\beta).$$

其中，t 为实参数. 设 $z=x+\mathrm{i}y$，$z(t)=x(t)+\mathrm{i}y(t)$，则由两个复数相等的定义得

$$z=z(t)=x(t)+\mathrm{i}y(t)\quad(\alpha\leqslant t\leqslant\beta). \tag{1.11}$$

这就是曲线 C 参数方程的复数形式. 通常简写为 $z(t)$.

例 1.4　指出方程 $z=(1+\mathrm{i})t+z_0(-\infty<t<\infty)$ 所表示的曲线.

解： 设 $z=x+\mathrm{i}y$，$z_0=x_0+\mathrm{i}y_0$，则有 $z=(1+\mathrm{i})t+z_0$ 等价于 $x=x_0+t$，$y=y_0+t$. 消去 t，可得 $y-y_0=x-x_0$. 因此，该方程表示过点 z_0 且方向平行于复向量 $1+\mathrm{i}$ 的直线.

1.2.1.3　光滑曲线与简单曲线

设曲线 C 的参数方程为 $z(t)=x(t)+\mathrm{i}y(t)$，$\alpha\leqslant t\leqslant\beta$. 若 $x(t)$ 和 $y(t)$ 在

$[\alpha,\beta]$上连续，那么称曲线 C 为**连续曲线**，即 $z(t)$ 在$[\alpha,\beta]$连续. 如果在区间$[\alpha,\beta]$上 $x'(t)$ 和 $y'(t)$ 都是连续的，且对每一个 $t\in[\alpha,\beta]$，有$[x'(t)]^2+[y'(t)]^2\neq 0$，那么称曲线 C 为**光滑曲线**. 由有限条光滑曲线所连接成的曲线称为**逐段光滑曲线**.

设曲线 $C:z(t)=x(t)+iy(t)$，$\alpha\leqslant t\leqslant\beta$，是连续曲线，$z(\alpha)$ 与 $z(\beta)$ 分别称为曲线的起点与终点. 对于满足 $\alpha<t_1<\beta$，$\alpha\leqslant t_2\leqslant\beta$ 的 t_1,t_2，若当 $t_1\neq t_2$ 时，有 $z(t_1)=z(t_2)$，则称 $z(t_1)$ 为曲线 C 的**重点**. 没有重点的连续曲线称为**简单曲线或若尔当（Jordan）曲线**. 简单曲线自身不会相交. 起点和终点重合（即 $z(\alpha)=z(\beta)$）的曲线称为**闭曲线**. 既是简单曲线又是闭曲线的曲线称为**简单闭曲线**.

1.2.2 平面点集与区域

1.2.2.1 复平面点集的基本概念

在复平面上，由不等式 $|z-z_0|<\delta(\delta>0)$ 所确定的点集就是以点 z_0 为圆心、δ 为半径的圆的内部，称为点 z_0 的 **δ - 邻域**，常记作 $N(z_0,\delta)$，并称满足 $0<|z-z_0|<\delta$ 的点集为 z_0 的一个去心 δ - 邻域.

若点集 E 的点 z_0 有一邻域全含于 E 内，则称 z_0 为 E 的**内点**；若点集 E 的点均为**内点**，则称 E 为**开集**；若在点 z_0 的任意邻域内，同时有属于点集 E 和不属于 E 的点，则称 z_0 为 E 的**边界点**；点集 E 的全部边界点所组成的点集称为 E 的**边界**，记作 $B(E)$.

1.2.2.2 区域

为了引入复变函数，我们首先需要介绍区域的概念.

定义 1.6

连通的开集称为区域，如图 1-4 所示. 即：若复平面上的非空点集 D 具有以下性质，则称点集 D 为区域.

(1) 属于集合 D 的点都是 D 的内点；

(2) D 是连通的，即 D 中任意两点都可用一条全属于 D 的折线将其连接.

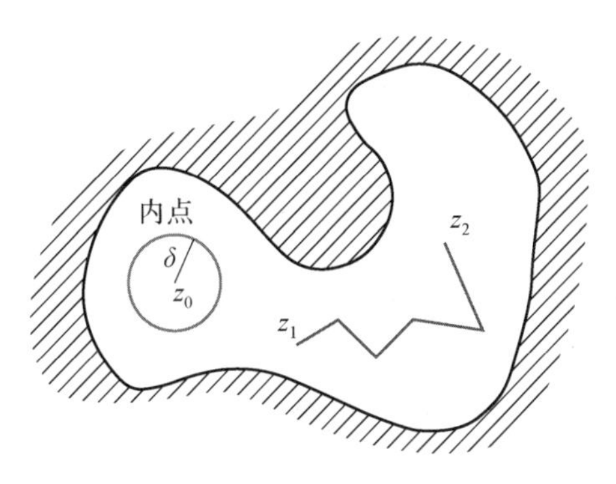

图 1-4　区域和内点示意图

区域 D 与其全部边界点所构成的点集称为**闭区域**，简称为**闭域**，记作 $\overline{D} = D \cup B(D)$.

另外，若区域 D 可以被包含在一个以原点为圆心的圆的内部，即存在正数 R，使区域 D 内的每个点都满足 $|z| < R$，那么称 D 为**有界域**，否则称为**无界域**.

注 1.1　区域不包含任何它的边界点，闭区域不是区域，且闭区域也不一定有界.

例如，圆盘 $|z - z_0| < R$ 是区域且是有界的，其边界为 $|z - z_0| = R$. 而 $|z - z_0| \leqslant R$ 只是闭区域，不是区域. 又如，半平面 $\operatorname{Re} z \geqslant 1$，它包含其边界直线 $x = \operatorname{Re} z = 1$，它是无界闭区域而不是区域.

为了更好地理解由复数的实部、虚部、模和辐角的不等式所表示的复数点集的几何意义，可先将不等号改写成等号求出其边界，再分析其不等式所给出的图形.

例如，点集 $-\dfrac{3\pi}{4} < \arg z < \dfrac{\pi}{4}$，其边界是由点 $z = 0$ 和射线 $\arg z = -\dfrac{3\pi}{4}$，以及射线 $\arg z = \dfrac{\pi}{4}$ 所连成的，它是区域，且是始边为 $\arg z = -\dfrac{3\pi}{4}$、顶点为 $z = 0$、张角为 π 的角形域，也是由不等式 $\operatorname{Im} z < \operatorname{Re} z$ 所给出的半平面区域.

1.2.2.3　单连域和多连域

任意一条简单闭曲线 C 都有一个明显的特征，它把整个复平面分成没有公共点的两个区域，其中，除去 C 以外，一个是有界域称为 C 的**内部**，一个是无界域称为 C 的**外部**，它们都以该曲线为边界，但不包含该曲线上的点. 下面介绍单连域和多连域的概念.

定义 1.7

若区域 D 内的任意一条简单闭曲线的内部完全属于 D，则称 D 为单连通区域，简称为单连域，否则称为多连域.

任意一条简单闭曲线的内部、整个复平面、半个复平面 $\mathrm{Im}\,z > a$ 或 $\mathrm{Re}\,z > b$ 等都是单连域；任意一条简单闭曲线的外部，任意一个去心邻域或环形域都是多连域. 直观地说，一个没有“空洞”的域就是单连通的，反之则是多连通的.

当单连域和多连域再附加上其全部边界时，分别称它们为单连通闭域和多连通闭域. 如不等式 $|z-1| \leqslant |z+1|$ 表示虚轴及其右边的半平面 $\mathrm{Re}\,z \geqslant 0$，它是单连通闭域.

1.3 复变函数与整线性映射

1.3.1 复变函数的概念

复变函数的定义在形式上和一元实函数一样，只是其自变量和函数的取值推广到了复数.

定义 1.8

设 D 是一个非空复数集. 如果按照一个确定的法则 f，对于 D 中的每一点 z，都有一个或多个复数 w 与之对应，则称在 D 上定义了一个复变函数，记为

$$w = f(z) \quad (z \in D).$$

式中，z 为自变量，w 为因变量，D 为该函数的定义域. 对应于 D 中所有 z 的一切 w 值所组成的集合称为值域，记为 D^*. 如果每个 z 值有且仅有一个 w 值与其对应，那么称函数 $f(z)$ 是单值函数；如果 z 的一个值对应着多个 w 值，那么称函数 $f(z)$ 是多值函数.

本书中若无特殊声明，复变函数都是指单值复变函数.

例如，复变函数 $w=z^2=(x+\mathrm{i}y)^2$，其定义域是整个复平面，其实部和虚部都是二元实函数，可分别记为 $u=x^2-y^2$，$v=2xy$.

一般而言，一个复变函数 $w=f(z)\ (z\in D)$，它的实部 u 和虚部 v 也都是 x 和 y 的二元函数，可分别表示为 $u=u(x,y)$ 和 $v=v(x,y)$，即

$$w=f(z)=u+\mathrm{i}v=u(x,y)+\mathrm{i}v(x,y). \tag{1.12}$$

例如，函数 $f(z)=x+\mathrm{i}$，其实部和虚部也可看作二元函数，即 $u(x,y)=x$，$v(x,y)=1$.

另外，当 $z\neq 0$ 时，利用关系式 $x=r\cos\theta$，$y=r\sin\theta$，还可以将 $w=f(z)$ 写成

$$w=f(z)=p+\mathrm{i}q=p(r,\theta)+\mathrm{i}q(r,\theta), \tag{1.13}$$

式中，$p(r,\theta)$ 和 $q(r,\theta)$ 为变量 $r=|z|$，$\theta=\arg z$ 的二元实函数.

1.3.2 复映射

在几何中，一元实函数（即自变量和因变量都为实变量）可以用平面曲线来表示，二元实函数可以用空间曲面来表示，从它们的图形能直观地看出其几何特征. 可是对于复变函数 $w=u(x,y)+\mathrm{i}v(x,y)$，其自变量 $z=x+\mathrm{i}y$ 和因变量 $w=u+\mathrm{i}v$ 都是复数，无法用同一坐标系内的图形把这种对应关系表示出来. 在几何上，需要把复变函数 $w=f(z)$ 看成两个复平面上点集之间的对应关系，分别记复变函数 $w=f(z)$ 的自变量 z 和因变量 y 所在的复平面为 z 平面和 w 平面，z 平面上 D 为其定义域，w 平面上 D^* 为其值域. 在几何上，函数 $w=f(z)$ 可以看作把 z 平面上的点集 D 变换到 w 平面上的点集 D^* 的**复映射**（或**复变换**）. 如果 D 中的点 z 被映射成 D^* 中的点 w，则称 w 为 z 的**象**；若 w 平面为 z 平面的象平面，则称 z 为 w 的**原象**.

当上述映射中所给 D 中的点 z 与 D^* 中的点 w 是一一对应的关系时，称 $w=f(z)$ 为定义在 D 上的一个**单叶映射**或**单叶变换**，作为函数则为**单叶函数**. 这时，对于 D^* 中的每一点 w，在 D 中都有唯一的点 z 与之对应使 $w=f(z)$，从而定义集合 D^* 上的一个函数 $z=\varphi(w)$，称它为函数 $w=f(z)$ 的**反函数**，在几何上称它为 $w=f(z)$ 的**逆映射**. 若函数 $w=f(z)$ 在 D 上不是单叶的，则它的反

函数是多值函数.

另外，同一元实函数的情形一样，还可定义复合函数（或复合映射）. 例如，$w=\xi^3$ 与 $\xi=\frac{1}{z-1}$的复合函数为 $w=\frac{1}{(z-1)^3}$.

例 1.5 求下列曲线在映射 $w=\frac{1}{z}$下的象.

（1）$A(x^2+y^2)+Bx+Cy+D=0$.

（2）$Az\bar{z}+\bar{\beta}z+\beta\bar{z}+D=0$，其中 $|\beta|^2=\frac{B^2+C^2}{4}>AD$，$A,B,C,D$ 均为实数.

解：设 $w=u+\mathrm{i}v$，则有

$$\frac{1}{w}=\frac{1}{u+\mathrm{i}v}=\frac{u-\mathrm{i}v}{u^2+v^2}.$$

由于 $z=x+\mathrm{i}y=\frac{1}{w}$，可得

$$x=\frac{u}{u^2+v^2},\ y=-\frac{v}{u^2+v^2}.$$

代入原曲线方程，可得所求象曲线为

$$D(u^2+v^2)+Bu-Cv+A=0.$$

显然，其象曲线及其原象只可能是圆周或直线，其中直线可以看作半径为无穷大（曲率为零）的圆周，因此可以认为该映射把 z 平面上的圆周仍然映射为 w 平面上的圆周，我们简称这种性质为映射的保圆性.

（2）令 $\beta=\frac{1}{2}(B+\mathrm{i}C)$，$z=x+\mathrm{i}y$. 可以看出，曲线 $Az\bar{z}+\bar{\beta}z+\beta\bar{z}+D=0$ 即题（1）中的圆周或直线. 将 $z=\frac{1}{w}$代入本题所给的曲线方程，化简可得其象曲线的复数形式为

$$Dw\bar{w}+\beta w+\overline{\beta w}+A=0.$$

1.3.3 整线性映射及其保圆性

整线性映射是实际中经常用到的复映射，即线性映射

$$w = az + b,$$

其中，a 和 b 为复常数且 $a \neq 0$. 令 $a = |a| e^{i\alpha}$，该映射可以分解为

$$w = \eta + b,\ \eta = e^{i\alpha}\xi,\ \xi = |a| z.$$

下面具体讨论这三个基本映射的作用及其保圆性.

1. 平移 $w = z + b$

由复向量的加法，对复平面上任意一点 z，点 $w = z + b$ 是点 z 沿向量 b 的方向平移了 $|b|$ 的距离. 因此该映射的作用是把复平面上的任何图形沿向量 b 的方向平移了距离 $|b|$，称该映射为**平移**.

2. 旋转 $w = e^{i\alpha} z$（α 为实数）

由于当 $z \neq 0$ 时，有 $|w| = |z|$ 且 $\operatorname{Arg} w = \operatorname{Arg} z + \alpha$，因此对任意点 $z \neq 0$，其象 w 只是点 z 绕坐标原点旋转了角度 α，其作用是把复平面上的任何图形绕坐标原点旋转角度 α，称该映射为**旋转**.

3. 伸缩 $w = |a| z$

因为 $|w| = |a||z|$，且对 $z \neq 0$ 有 $\arg w = \arg z$，所以对复平面上任一点 z，该映射的作用只是将复向量 z 的模放大或缩小为 $|w| = |a||z|$，其方向不变，称该映射为**伸缩**.

由于平移和旋转映射将直线变成直线，且将圆周变为圆周，而 $w = |a| z$ 的逆映射为 $z = \dfrac{w}{|a|}$，代入圆周或直线方程 $Az\bar{z} + \bar{\beta} z + \beta \bar{z} + D = 0$. 其象曲线显然还是圆周或直线，因此这三种映射都具有保圆性，它们的**复合映射** $w = az + b$ **也具有保圆性**.

例 1.6　求圆盘 $|z| < 1$ 在映射 $w = (1 + i)z + i$ 下的象.

解：该映射可以分解为

$$w_1 = \sqrt{2} e^{i\frac{\pi}{4}},\ w = w_1 + i.$$

该映射过程可以看作圆盘 $|z| < 1$ 在圆心不变的情况下，经伸缩和旋转变换变为 w_1 平面的象为圆盘 $|w_1| < \sqrt{2}$；之后，经平移 $w = w_1 + i$ 后，得到在 w 平面的象为圆盘 $|w - i| < \sqrt{2}$. 这是一个以虚轴上的点 i 为圆心、半径为 $\sqrt{2}$ 的圆盘.

1.4　复变函数的极限与连续性

1.4.1　复变函数的极限

定义 1.9

设复变函数 $w=f(z)$ 在 z_0 的邻域 $0<|z-z_0|<\rho$ 内有定义，如果存在一个确定的复数 A，对于任意给定的正数 ε，总存在正数 $\delta(0<\delta\leqslant\rho)$，当 $0<|z-z_0|<\delta$ 时，恒有

$$|f(z)-A|<\varepsilon$$

成立，则称 A 为当 z 趋向于 z_0 时，函数 $f(z)$ 的极限，记作

$$\lim_{z\to z_0}f(z)=A \quad 或 \quad f(z)\to A \quad (z\to z_0).$$

注 1.2　由于函数 $f(z)$ 是在点 z_0 的去心邻域内有定义，因此 $\lim\limits_{z\to z_0}f(z)=A$ 意味着当点 z 在该邻域内沿任何路径、以任意方式趋近 z_0 时，函数 $f(z)$ 都趋向极限 A. 显然 $z\to z_0$ 的路径是无穷无尽的，不可能都列举出来. 我们可以通过考察函数沿某些特殊路径的极限来判定其极限不存在.

根据复变函数极限的定义，可以直接得到以下定理.

定理 1.1

$$\lim_{z\to z_0}f(z)=A\Leftrightarrow\lim_{z\to z_0}|f(z)-A|=0.$$

由定理 1.1 可以推出以下定理.

定理 1.2

设 $z_0=x_0+\mathrm{i}y_0$，$z=x+\mathrm{i}y$，$A=a+\mathrm{i}b$，$f(z)=u(x,y)+\mathrm{i}v(x,y)$，则有

$$\lim_{z\to z_0}f(z)=A\Leftrightarrow\lim_{\substack{x\to x_0\\y\to y_0}}=u(x,y)=a\lim_{\substack{x\to x_0\\y\to y_0}}v(x,y)=b.$$

证明：由于当时有 $x\to x_0$ 且 $y\to y_0$，因此由定理 1.1，在 $z\to z_0$ 时有

$$f(z)\to A\Leftrightarrow |f(z)-A| = \sqrt{(u-a)^2+(v-b)^2}\to 0.$$

即 $u(x,y)\to a$ 且 $v(x,y)\to b$. ■

复变函数的极限和实变函数的定义在形式上一致，同实变函数的极限一样，复变函数的极限也有以下运算法则.

定理 1.3

如果 $\lim\limits_{z\to z_0} f(z)=A$，$\lim\limits_{z\to z_0} g(z)=B$ 成立，则有：

(1) $\lim\limits_{z\to z_0}[f(z)\pm g(z)]=A\pm B$；

(2) $\lim\limits_{z\to z_0}[f(z)g(z)]=AB$；

(3) $\lim\limits_{z\to z_0}\dfrac{f(z)}{g(z)}=\dfrac{A}{B}$　$(B\neq 0)$.

例 1.7　试讨论 $f(z)=\dfrac{z}{\bar{z}}$ 在 $z=0$ 处极限的存在情况.

解：$f(z)$ 的定义域是除去 $z=0$ 的整个复平面，当 $z\neq 0$ 时，考虑 z 沿直线 $y=kx$ 趋于零时，

$$\lim_{z\to 0} f(z) = \lim_{x\to 0}\frac{x+\mathrm{i}kx}{x-\mathrm{i}kx}=\frac{1+\mathrm{i}k}{1-\mathrm{i}k}.$$

该极限值随 k 值的变化而变化，所以极限 $\lim\limits_{z\to 0} f(z)$ 不存在.

1.4.2　复变函数的连续性

复变函数 $f(z)$ 在点 z_0 连续的定义与一元实函数 $f(x)$ 在点 x_0 连续的定义类似，即有如下定义：

定义 1.10

设函数 $f(z)$ 在点 z_0 的某个邻域内有定义，若在该邻域内有 $\lim\limits_{z\to z_0} f(z)=f(z_0)$，则称 $f(z)$ 在点 z_0 连续，将 z_0 称为它的连续点.

若 $f(z)$ 在区域 D（曲线 C）的每一点都连续，则称它在 $D(C)$ 连续.

由定理1.2可直接得到以下定理.

定理1.4

一个复变函数$f(z)=u(x,y)+\mathrm{i}v(x,y)$在点$z_0=x_0+\mathrm{i}y_0$连续的充分必要条件是其实部和虚部的两个二元实函数$u(x,y)$和$v(x,y)$在点$(x_0,y_0)$都连续.

与一元实函数一样，由定义1.10可以验证幂函数$z^n(n=1,2,\cdots)$和复常数c在整个复平面处处连续，并且利用定理1.3同样可以推出.

根据定理1.3和定理1.4还可推出以下定理.

定理1.5

(1) 在z_0连续的两个函数$f(z)$与$g(z)$的和、差、积、商（分母在z_0不为零）在z_0处仍连续；

(2) 如果函数$h=g(z)$在z_0处连续，函数$w=f(h)$在$h_0=g(z_0)$处连续，那么复合函数$w=f[g(z)]$在z_0处连续.

由定理1.5可以看出，复多项式函数

$$w=P(z)=a_0+a_1z+a_2z^2+\cdots+a_nz^n$$

在整个复平面连续. 同样，两个多项式$P(z)$与$Q(z)$的商在复平面内使分母不为零的点也是连续的.

另外，由定理1.4可以看出，若$f(z)=u(x,y)+\mathrm{i}v(x,y)$在有界闭区域$\bar{D}$连续，则$|f(z)|=\sqrt{u^2+v^2}$在$\bar{D}$也连续. 又因二元连续函数$|f(z)|$在$\bar{D}$上连续必有界，故存在$M>0$使得当$z\in\bar{D}$时，恒有

$$|f(z)|\leqslant M.$$

显然，将上述$\bar{D}$改为闭曲线或包含两个端点的有限长曲线C，其结论也成立，于是有以下定理：

定理 1.6

若函数 $f(z)$ 在有界区域 $\bar{D}$（包括两个端点的有限长曲线 C 或闭曲线 C）上处处连续，则函数 $|f(z)|$ 在 $\bar{D}(C)$ 上也处处连续，且存在正数 M 使得当 $z\in\bar{D}(z\in C)$ 时恒有 $|f(z)|\leq M$.

注 1.3　对于实变函数，若一元实函数在某闭区间上连续，则在该区间上该函数一定有界；由于闭区间一定是有限区间，因此在复变函数情形，对闭区域还需要增加有界性的限制.

例 1.8　试证明函数 $f(z)=\ln|z|+\mathrm{i}\arg z$ 在角形域 D：$-\pi<\arg z<\pi$ 内连续.

证明：设 $f(z)=u(x,y)+\mathrm{i}v(x,y)$. 显然区域 D 是除去原点和负实轴的复平面，且 $u(x,y)=\ln\sqrt{x^2+y^2}$ 在除去原点外的点均连续，只需证明 $v(x,y)=\arg z$ 在 D 连续.

事实上，当 $x>0$ 时，$v=\arctan\dfrac{y}{x}$ 连续；当 $y>0$ 时，$v=\arccos\dfrac{x}{\sqrt{x^2+y^2}}$ 连续；当 $y<0$ 时，$v=-\arccos\dfrac{x}{\sqrt{x^2+y^2}}$ 也连续. 因此，$v(x,y)=\arg z$ 在 D 内连续，得证. ■

注 1.4　$\arg z$ 对 $z=0$ 无意义，故角形域 $\alpha<\arg z<\beta$ 或 $\alpha\leq\arg z\leq\beta$ 都无法包含坐标原点.

1.5　复数与传递函数*

复数和复变函数作为数学中的重要概念，在各个领域和行业都扮演着不可或缺的角色. 它们广泛应用于多个学科，包括流体力学、弹性力学、电学和地球物理学等众多工程学科. 本书主要介绍复数在控制领域中的重要作用.

控制科学涉及对系统行为进行监测、调节和改变，以实现预期目标. 在控制系统中，复数的应用是至关重要的，因为它们提供了一种简洁而有效的方法来描述信号和系统的动态特性. 对于动态系统的刻画, 复数提供了一种直观的方式来表示振荡、衰减和稳定性等特性. 通过将复数的虚部与实部分别对应到系统的振幅和相位, 我们可以轻松地分析系统的频率响应, 以及对不同输入信号的响应情况. 在控制器的设计中, 复数的应用更是不可或缺. 控制器是用于调整系统行为以实现所需性能的关键组件. 复数的数学性质使得我们可以在频域中分析控制器的特性 (如增益和相位裕度), 从而确保系统稳定性和性能. 这种频域设计方法在现代控制理论中被广泛使用, 并在实际控制系统中得到成功应用. 本节首先以交流电为例说明工程中复数的应用背景; 然后, 通过简单介绍傅里叶变换和拉普拉斯变换说明复数在分析时间序列信号的频域特性时的作用; 最后, 介绍线性系统的传递函数与控制框图, 并简要说明本课程与自动化专业其他课程之间的联系.

1.5.1 交流电路的复数分析方法

正弦交流电压和电流是指随时间按正弦规律变化的电压和电流, 它们都属于正弦波. 正弦波是周期波形的基本形式, 在电路理论和工程实践中都占有极其重要的地位. 正弦电压波形如图 1－5 所示. 正弦规律也称为简谐规律, 既可用时间的 sin 函数表示, 也可用时间的 cos 函数表示, 本书采用 cos 函数, 仍可称为正弦波.

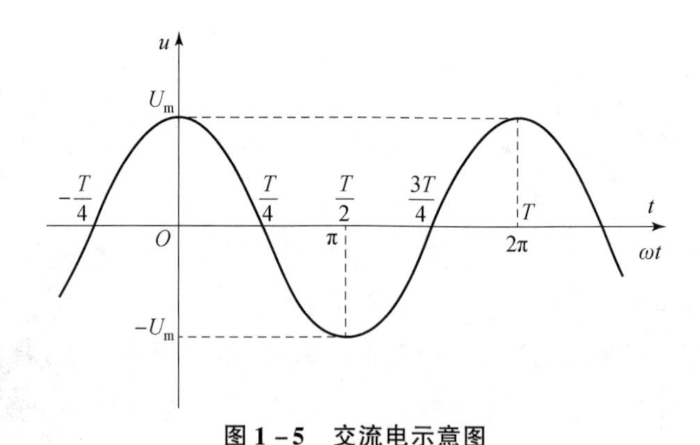

图 1－5　交流电示意图

以图 1－5 所示的正弦电压为例, 其瞬时值可以表示为

$$u(t)=U_{\mathrm{m}}\cos(\omega t),$$

其中，U_{m} 为电压的振幅或最大值，它是一个常量；ωt 是一个随时间变化的角度，ω 是一个与频率 f 有关的常量，满足 $\omega=\dfrac{2\pi}{T}=2\pi f$，其中 T 为周期，单位为秒（s），频率 f 的单位为赫兹（Hz），ω 称为角频率，单位为弧度/秒（rad/s）.

正弦量具有**幅值**、**频率**和**初相位**三个要素，它们除了用三角函数式和正弦波形表示外，还可用**相量**（phasor）来表示同频率的正弦量. 所谓正弦量的相量表示法，就是用复数来表示正弦量. 相量法是一种用来表示和计算同频率正弦量的数学工具，应用相量法可以使正弦量的计算变得简单.

正弦激励下电路的稳定状态称为正弦稳态. 在正弦稳态电路中，各个电压、电流的响应与激励均为频率相同的正弦波. 若频率已知，则正弦波的三个特征会降为两个特征，从而可利用欧拉公式把给定 ω 的正弦函数变换为复平面上的相量.

注 1.5　交流电流量常用 i 表示，在电路等实际工程应用中，为了与虚数单位区分，往往用 j 表示虚数单位. 同时，交流电路分析中常把复变量的指数表达式 $z=r\mathrm{e}^{\mathrm{i}\theta}$ 简写为 $z=r\underline{/\theta}$. 本书为避免误解，在表示电流相量时仍使用 i 表示虚数单位.

设正弦电压为 $u(t)=U_{\mathrm{m}}\cos(\omega t+\varphi)$，由欧拉公式 $\mathrm{e}^{\mathrm{i}\theta}=\cos\theta+\mathrm{i}\sin\theta$，可以把正弦电压写为

$$\begin{aligned}u(t)&=\mathrm{Re}\left[U_{\mathrm{m}}\mathrm{e}^{\mathrm{i}(\omega t+\varphi)}\right]=\mathrm{Re}(U_{\mathrm{m}}\mathrm{e}^{\mathrm{i}\omega t}\mathrm{e}^{\mathrm{i}\varphi})\\&=\mathrm{Re}(\dot{U}_{\mathrm{m}}\mathrm{e}^{\mathrm{i}\omega t})=\mathrm{Re}(\dot{U}_{\mathrm{m}}\underline{/\omega t}).\end{aligned}$$

其中，

$$\dot{U}_{\mathrm{m}}=U_{\mathrm{m}}\mathrm{e}^{\mathrm{i}\varphi}=U_{\mathrm{m}}\underline{/\varphi}\tag{1.14}$$

是一个与时间无关的复常数，其模为该正弦电压的振幅，辐角为该正弦电压的初相位. 这一复数常数包含振幅和初相位两种信息，称为电压振幅相量. 同理，也有电流振幅相量 $\dot{I}_{\mathrm{m}}$. 振幅相量只是一个复数，但它代表一个正弦波，为了与一般复数有所区别，需在此相量的字母上端加一点，以作区分.

例 1.9　若 $i_1(t)=5\cos(314t+60^\circ)\,\mathrm{A}$，$i_2(t)=-10\sin(314t+60^\circ)\,\mathrm{A}$，试分别写出代表这两个正弦电流的振幅相量，并用复数的代数表达式将其展开.

解：（1） $i_1(t)=5\cos(314t+60°)\,\mathrm{A}$.

根据正弦波的振幅和初相位，可直接写出代表电流 i_1 的相量为

$$\dot{I}_{1\mathrm{m}}=5\angle 60°$$

由欧拉公式可得

$$\dot{I}_{1\mathrm{m}}=5\angle 60°=5\mathrm{e}^{\mathrm{i}\frac{\pi}{3}}=(2.5+\mathrm{i}4.34)\,\mathrm{A}.$$

（2） $i_2(t)=-10\sin(314t+60°)\,\mathrm{A}=10\cos(314t+60°+90°)\,\mathrm{A}$.

根据正弦波的振幅和初相位与欧拉公式，可由上式写出代表电流 i_2 的相量为

$$\dot{I}_{2\mathrm{m}}=10\angle 150°=(-8.66+\mathrm{i}5)\,\mathrm{A}.$$

除电信号外，控制领域中的很多信号都可以用复数进行表示．在信号与系统理论中，我们既能通过卷积运算表示系统的**时域特性**，也能通过系统频率响应表示系统的**频域特性**．在线性时不变系统分析中，由于时域中的微分（差分）方程和卷积运算在频域都变成了代数运算，所以通过频域往往能简化分析与计算．此外，滤波器的设计与实现是实际工程中重要的组成部分，根据频率对信号进行选择性滤波的想法在频域是直观且易实现的．

对于线性时不变系统，频域分析中以**复指数信号或序列**作为基本信号，系统响应表示为不同频率的复指数信号响应的加权或积分．这是因为，复指数信号是线性时不变系统的特征函数，且复指数函数具有正交性，用正交函数集表示任意信号可以得到比较简单而准确的表示式；同时，信号频率和信号本身在现实中是可观测的，我们可以用频谱分析仪来观测信号的频谱．对于时域中的**连续**时间信号，对其进行频域分析则需要进行变换．典型的变换方法是傅里叶（Fourier）变换与拉普拉斯（Laplace）变换，其基本形式、性质与应用在附录 A 与附录 B 中给出，读者可根据需求进行了解．

1.5.2　复变函数与控制系统的关系概述

研究控制系统时，**方框图**（block diagram）是广泛使用的一种工具．方框图中的每个框代表一个或一组部件，框内可以标注它的传递函数，也可以标注其他信息．从外部指向框的箭头表示该框的输入量，从框指向外部的箭头表示该框的输出量．在表示输入量和输出量的箭头旁可以标注表示各物理量的记号．

控制系统框图示例如图1－6所示．一般的控制系统包含四个主要部分：被控对象、检测装置、控制器、执行机构．被控对象是指控制系统中需要被控制的部分，它是系统的主体．在实际应用中，被控对象可以是一个机械装置、一个化学过程、一个电气网络等．检测装置是用于监测被控对象的状态，并将其转换为可以被控制器理解和处理的信号（通常是电信号）．控制器是控制系统的核心部分，它根据检测装置传来的信号和预定的目标（参考输入）计算出一个控制信号，这个控制信号用来调节执行机构的行为，使被控对象达到预定的状态．执行机构是控制系统中用来实施控制器输出控制信号的部分，它接收控制器的输出信号，并根据这个信号调节被控对象的状态．这四个部分共同工作，形成一个闭环控制系统．在这个系统中，检测装置不断监测被控对象的状态．并将信息传递给控制器；控制器根据这些信息和预定目标，计算出控制信号；执行机构根据这个控制信号调节被控对象的状态．这个过程不断重复，使得被控对象的状态能够稳定地维持在预定的目标状态附近．以一个温度控制系统为例：被控对象可以是一个加热炉；检测装置可以是一个温度传感器，它可以检测加热炉的实时温度并将其转换为电信号；控制器可以是一个嵌入式计算单元，接收温度传感器的检测信号并根据所设计的控制律计算控制信号；执行机构是加热元件，根据控制器的输出信号调节加热炉的温度．

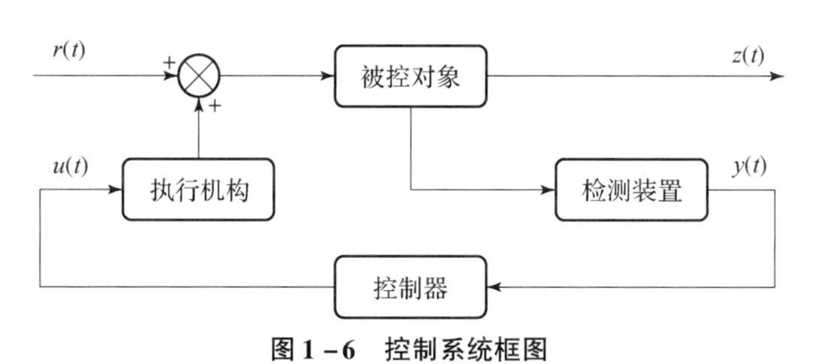

图1－6　控制系统框图

对于上述四个环节，我们通常关心它们的动态特性，即每一个环节的输出信号与输入信号的关系．这一关系可以通过传递函数进行刻画．接下来，对传递函数进行简单介绍．

工程上最常用的数学模型是常微分方程（组），与工科数学分析介绍的知识一样，常微分方程（组）往往从**时域**对动态对象进行描述，而从**频域**对其进行描述同样重要. 在经典控制理论中, 传递函数是对线性系统进行频域研究与分析的基本数学工具, 此时自变量不再是实数时间 t, 而是复数频率 s.

定义1.11

单输入单输出线性定常动态对象的传递函数是零初值下该对象的输出量的拉普拉斯变换与输入量的拉普拉斯变换之比.

设某动态对象只有一个输入量 $u(t)$ 和一个输出量 $y(t)$, 并设这个对象可用如下线性常微分方程描述:

$$a_n \frac{\mathrm{d}^{(n)}y}{\mathrm{d}t^n} + a_{n-1}\frac{\mathrm{d}^{(n-1)}y}{\mathrm{d}t^{n-1}} + \cdots + a_1 \frac{\mathrm{d}y}{\mathrm{d}t} + a_0 y$$
$$= b_m \frac{\mathrm{d}^{(m)}u}{\mathrm{d}t^m} + b_{m-1}\frac{\mathrm{d}^{(m-1)}u}{\mathrm{d}t^{m-1}} + \cdots + b_1 \frac{\mathrm{d}u}{\mathrm{d}t} + b_0 u,$$

其中, $n\geqslant 1$, $m\geqslant 0$, $a_n\neq 0$, $b_m\neq 0$. 假设已知在 $t=0$ 时刻 $u(t)$ 和 $y(t)$ 以及它们的各阶导数都是0, 则对上述常微分方程两端同时取拉普拉斯变换 (具体计算方式可参考附录B), 可得

$$a_n s^n Y(s) + a_{n-1}s^{n-1}Y(s) + \cdots + a_1 sY(s) + a_0 Y(s)$$
$$= b_m s^m U(s) + b_{m-1}s^{m-1}U(s) + \cdots + b_1 sU(s) + b_0 U(s).$$

令

$$G(s) = \frac{Y(s)}{U(s)}, \tag{1.15}$$

则有

$$G(s) = \frac{b_m s^m + b_{m-1}s^{m-1} + \cdots + b_1 s + b_0}{a_n s^n + a_{n-1}s^{n-1} + \cdots + a_1 s + a_0}. \tag{1.16}$$

$G(s)$ 就是这个动态对象的**传递函数**. 传递函数是输出量和输入量的拉普拉斯变换之比, 它**不因输入量或输出量具体是何函数而异, 反映了动态对象自身的特性**.

$G(s)$ 的自变量就是拉普拉斯变换中的复数自变量 s, 在此记作

$$s = \sigma + \mathrm{i}\omega,$$

其中, σ,ω 都是实数, 所以传递函数 $G(s)$ 是一个复变函数, 具有复变函数的一切性质. 比较常微分方程和传递函数可以看出, 传递函数的分母多项式和分

子多项式分别与微分方程左端和右端的微分算符 d/dt 的多项式相同，只是把微分算符换成了复变数 s. 只要 $G(s)$ 的分子、分母**不含可以相消的因子**，则它与描述动态对象的微分方程所含的信息完全相同.

在拉普拉斯变换中，时域的微分算符 d/dt 与频域的因式 s 是对应的，因此只需把 d/dt 与 s 互换，就可以实现微分方程和传递函数的相互转化.

式（1.15）为传递函数的基本关系，其在形式上与放大器的关系式相似，传递函数 $G(s)$ 如同从输入量 $U(s)$ 到输出量 $Y(s)$ 的“放大系数”. 框图使这种关系更加形象化了. 框图提示我们把控制系统看作一个信号传递装置或变换装置. 用这样的观点观察和分析控制系统常常能启发思路.

式（1.16）为单输入单输出运动对象的有理函数形式的传递函数，其分母和分子分别是 s 的 n 次多项式和 m 次多项式.

定义 1.12

使传递函数分母为零的 s 值称为极点，使传递函数分子为零的 s 值称为零点.

分母多项式决定传递函数的 n 个极点的值，故称为传递函数的极点多项式；分子多项式决定传递函数的 m 个零点的值，故称为传递函数的零点多项式. 这些极点和零点都可以是实数或复数. 此外，还有一个实数比例系数 b_n/a_n. 以上 $n+m+1$ 个常数完全确定了传递函数 $G(s)$，所以传递函数包含了一个动态对象的全部动态性质. 这些极点和零点中也可以有重极点和重零点.

考虑到传递函数的零（极）点能够更好地把握对象运动的特征，在经典控制理论中，系统的稳定性分析、频率特性校正装置设计、根轨迹分析等内容均与传递函数及其零（极）点相关.

例如，在控制理论中，**线性系统稳定的充分必要条件**是它的微分方程的特征多项式的全部零点均位于左半复平面. 若线性系统的特征多项式在右半复平面上没有零点，但在虚轴上有零点，则称该系统是“临界稳定”的. 在分析线性控制系统时，特征多项式可以用框图直观表达，分析其零（极）点在复平面上的分布情况能够快速把握系统的稳定性.

与图 1-6 所示的模拟控制系统不同，现代计算机控制系统通常采用数字控制器，其中数字控制器中还通常包含 A/D 转换器和 D/A 转换器，如图 1－7 所示．同时，许多实际设备都可以用传递函数描述自身的动态特性，如直流电动机、热敏电阻、运算放大器等均具有自身的等效传递函数．自动化专业的很多课程与图 1－7 有直接联系．例如："系统辨识"课程主要研究如何建立被控对象的数学模型；"传感器与检测装置"课程主要研究如何将待测的物理量转化为易于处理的电信号；"模拟电子技术"课程将为我们提供设计模拟控制器的方案（图 1－6 中的控制器），而"数字电子技术"和"微机原理"课程的相关内容将为我们提供设计各个模块之间的接口、A/D 转换器和 D/A 转换器、数字控制器提供解决方案（图 1－7）；"自动控制理论"课程介绍多种控制器设计方法；"电力电子技术""自动控制元件""电气传动"等相关课程介绍几类执行机构的运行原理和控制方法；"计算机控制系统"和"单片机"相关课程介绍控制器的嵌入式实现方法．

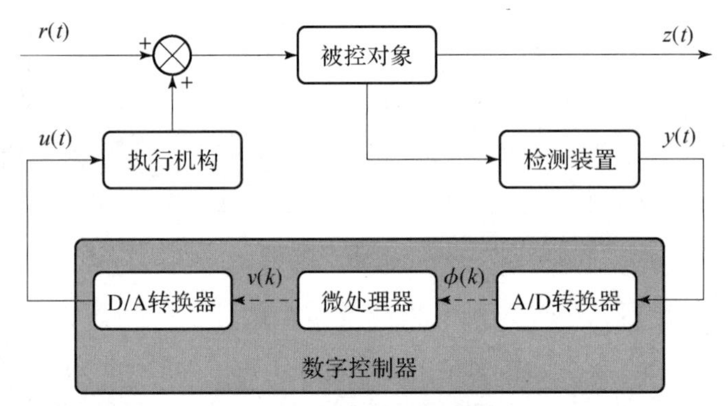

图 1－7　数字控制系统框图

在上述课程中，复数和复变函数均有大量的应用实例．在"系统辨识"课程中，复数和传递函数是描述线性系统常用的模型之一．复数的使用可以方便地表示系统的频率响应和稳定性；传递函数则是将输入与输出之间的关系进行数学建模，从而对系统进行辨识和分析．在"传感器与检测装置"课程中，复数可用于描述传感器的频率响应和信号特性．复变函数在滤波器设计中有重要作用，能够帮助优化传感器的信号采集和处理．在"模拟电子技术"课程中，复数被广泛应用于分析电路中的交流信号，如使用复数频域分析来理解滤波器、放大器和振荡器等电路的性能．在"数字电子技术"课程中，复数和复变函数用于数字滤波器的设计和分析，以及数字信号处理的频域特性研究，如快速傅里叶变换算法等. 在“微机原理”课程中, 复数和复变函数被应用于分析和设计数字控制系统的频率响应, 以及在数字信号处理器中进行傅里叶变换和滤波器设计. 在“自动控制理论”课程中, 复数的使用十分普遍, 复数域控制理论能够轻松地描述和分析控制系统的稳态误差、阻尼比、自然频率等重要参数, 从而实现对系统性能的优化. 在“电力电子技术”课程中, 复数用于分析交流电路和 A/D 转换器等电力电子装置的频率响应和稳定性. 在“自动控制元件”课程中, 复数被用于分析电气和电子元件的频率响应, 如电容、电感、滤波器等. 在“电气传动”课程中, 复数被用于分析电动机和传动系统的动态特性, 以便进行性能优化和控制设计. 在“计算机控制系统”课程中, 复数和复变函数用于设计数字控制器, 分析系统的稳定性和响应特性, 并进行控制系统的频率域设计.

总的来说, 自动化相关课程涉及多个领域, 但是它们的一个共同目标是帮助我们了解被控对象并实现系统的控制, 其中复数与复变函数是各个控制环节中普遍使用的数学工具, 是帮助我们理解和解决各种工程和科学问题的有效手段.

1.6　本章习题

1. 求 $\arg(1-\mathrm{i})$ 和 $\mathrm{Arg}(1-\sqrt{3}\mathrm{i})$.

2. 计算下列各式的值.

　(1) $\sqrt[3]{-8}$;　　　(2) * $\sqrt[3]{\mathrm{i}}$;

　(3) * $\sqrt[4]{-1}$;　　　(4) $\dfrac{\sqrt{1+\mathrm{i}}}{16}$.

3. 写出下列复数的三角表达式和指数表达式.

　(1) * $1+\mathrm{i}$;　　　(2) i;

　(3) -2;　　　(4) * $1-\cos\theta+\mathrm{i}\sin\theta\quad(0\leqslant\theta\leqslant\pi)$.

4. 设 $z=\mathrm{e}^{\mathrm{i}\theta}$, 求证:

$$z^n+z^{-n}=2\cos(n\theta), z^n-z^{-n}=\mathrm{i}2\sin(n\theta),\quad n=1,2,\cdots.$$

5. 设 n 为自然数且 $x_n+\mathrm{i}y_n=(1+\mathrm{i}\sqrt{3})^n$. 求证:

$$x_{n-1}y_n-x_ny_{n-1}=4^{n-1}\sqrt{3}.$$

6. 指出下列方程所表示的曲线，并作图.

(1) $|z+2|+|z-2|=6$；　　(2) $|z+2|-|z-2|=3$；

(3) $\mathrm{Im}(z+\mathrm{i}2)=2$；　　(4) $\arg(z-\mathrm{i})=\pi/4$；

(5)* $\left|\dfrac{z}{z+1}\right|=\sqrt{2}$. 提示：$\dfrac{z\bar{z}}{(z+1)(\bar{z}+1)}=2$.

7. 指出下列点集的平面图形，并判断其是否为区域或闭区域.

(1) $|z|\leqslant|z-4|$；　　(2) $0<\arg(z-1)<\dfrac{\pi}{4}$且 $\mathrm{Re}\,z<3$；

(3) $|z+2|+|z-2|=6$；

(4)* $\left|\dfrac{z}{z+1}\right|<\sqrt{2}$，提示：使用第 6 题中的结果.

8. 作下列区域的图形，指出是否为单连域和有界域.

(1) $0<|z-1|<1$；　(2) $1<|z-\mathrm{i}|<2$；　(3) $|z-1|>2$；

(4) $\pi/4<\arg(z)<3\pi/4$；　(5) 除去线段 $z=\mathrm{i}t(0\leqslant t\leqslant 1)$ 的复平面.

9. 函数 $w=1/[z(z^2+1)]$ 的定义域是什么？

10. 求下列区域在指定映射下的象，并作出其映射过程的图形.

(1) 矩形域 $0<x<1$ 且 $0<y<1$，其映射为 $w=z+2\mathrm{i}$；

(2)* 右半平面 $\mathrm{Re}\,z>0$，其映射为 $w=\mathrm{i}z+\mathrm{i}$；

(3) 上半平面 $\mathrm{Im}\,z>0$，其映射为 $w=(\mathrm{i}+1)z$；

(4)* 以 $z_1=0$，$z_2=1$，$z_3=\mathrm{i}$ 为顶点的三角形内部，其映射为 $w=(\mathrm{i}+1)\cdot(1-z)$.

(5) 圆域 $|z-\mathrm{i}|<1$，其映射为 $w=2(z-\mathrm{i})$.

11. 试证明函数 $f(z)=\ln z+\mathrm{i}\arg z$ 在原点和负实轴上不连续.

12*. 求下列函数的极限，其中 $z\to 0$.

(1) $f_1(z)=z\mathrm{Re}\,z/|z|$；

(2) $f_2(z)=\mathrm{Re}\,z/|z|$；

(3) $f_3(z)=\mathrm{Re}\,z/(1+z)$.

13. 若 $i(t)=-\cos(314t+60°)\,\mathrm{A}$，试写出代表该正弦电流的振幅相量，并用复数的代数表达式将其展开.

14. 求连续时间信号 $f(t)=\mathrm{e}^{-3t}$ 的拉普拉斯变换.

15. 对于某确定的线性时不变系统，当输入信号增大为原先的二倍，系统传递函数将如何变化？

16. 已知某加热系统的微分方程为$\frac{M}{F}\frac{\mathrm{d}\theta}{\mathrm{d}t}+\theta=\frac{1}{cF}H$，其中 F 为单位时间内流过的液体质量，M 为箱内液体的质量，c 为液体的比热容，F,M,c 均为常数. $\theta(t)$是系统输出的热液体的温度，$H(t)$是加热器单位时间产生的输入热量，试写出该系统的传递函数 $G(s)$.

1.7　习题解答

1. $-\frac{\pi}{4}$；　$-\frac{\pi}{3}+2k\pi\quad(k=0,\pm1,\pm2,\cdots)$.

2. （1）$1+\mathrm{i}\sqrt{3}$，-2，$1-\mathrm{i}\sqrt{3}$；

（2）$\frac{\sqrt{3}+\mathrm{i}}{2}$，$\frac{-\sqrt{3}+\mathrm{i}}{2}$，$-\mathrm{i}$；

（3）$\frac{\sqrt{2}}{2}(1\pm\mathrm{i})$，$\frac{\sqrt{2}}{2}(-1\pm\mathrm{i})$；

（4）$\pm\sqrt[4]{2}\left(\cos\frac{\pi}{8}+\mathrm{i}\sin\frac{\pi}{8}\right)$.

3. （1）$\sqrt{2}\left(\cos\frac{\pi}{4}+\mathrm{i}\sin\frac{\pi}{4}\right)=\sqrt{2}\mathrm{e}^{\mathrm{i}\frac{\pi}{4}}$；

（2）$\cos\frac{\pi}{2}+\mathrm{i}\sin\frac{\pi}{2}=\mathrm{e}^{\mathrm{i}\pi/2}$；

（3）$2(\cos\pi+\mathrm{i}\sin\pi)=2\mathrm{e}^{\mathrm{i}\pi}$；

（4）$2\sin\frac{\theta}{2}\left(\cos\frac{\pi-\theta}{2}+\mathrm{i}\sin\frac{\pi-\theta}{2}\right)=2\sin\frac{\theta}{2}\mathrm{e}^{\mathrm{i}\frac{\pi-\theta}{2}}$.

4. 提示：使用欧拉公式与棣莫弗公式进行证明.

5. 提示：$(1+\mathrm{i}\sqrt{3})^n=2^n\mathrm{e}^{\mathrm{i}\frac{\pi}{3}}$. 结合复数相等的概念可通过待定系数法解出 x_n,y_n 的表达式，代入目标等式左侧可完成证明.

6. （1）椭圆周$\left(\frac{x}{3}\right)^2+\frac{y^2}{5}=1$；

(2) 双曲线$\dfrac{x^2}{9/4}-\dfrac{y^2}{7/4}=1$的右半支；

(3) 实轴；

(4) 射线 $y=x+1$ $(x>0)$；

(5) 圆心为 $z_0=-2$，半径为$\sqrt{2}$的圆周.

7. (1) 闭区域 $x\leqslant 2$，不是区域；

(2) 顶点为 $z_1=1$，$z_2=3$，$z_3=3+2\mathrm{i}$ 的三角形内部，是区域；

(3) 椭圆周$\dfrac{x^2}{9}+\dfrac{y^2}{5}=1$的内部及其边界，是闭区域，不是区域；

(4) $|z+2|>\sqrt{2}$，是区域.

8. (1) 多连域；　(2) 多连域；　(3) 多连域；

(4) 单连域；　(5) 多连域.

其中，只有 (1) 和 (2) 是有界域，其他为无界域.

9. 除去点 $z=0$ 和 $z=\pm\mathrm{i}$ 的复平面.

10. (1) 矩形域 $0<u<1$ 且 $2<v<3$；

(2) $\operatorname{Im} w>1$；

(3) $\operatorname{Im} w>\operatorname{Re} w$；

(4) w 平面内以点 $1+\mathrm{i}$，0，2 为顶点的三角形内部；

(5) 圆域 $|w|<2$.

11. 对 $z_0=x_0<0$，令 $z=x_0+\mathrm{i}y$，求当 $y\to 0^+$ 或 $y\to 0^-$ 的极限. $f(z)$ 在 $z=0$ 无定义.

12. (1) 0；　(2) 不存在；　(3) 0.

13. $i(t)=4\cos(314t+60°+180°)\mathrm{A}=4\cos(314t-120°)\mathrm{A}$.

$\dot{I}_\mathrm{m}=4\underline{/-120°}=(-2-\mathrm{i}3.46)\mathrm{A}$.

14. $\mathcal{L}[\mathrm{e}^{-3t}]=\dfrac{1}{s-(-3)}=\dfrac{1}{s+3}$　$(\operatorname{Re}s>-3)$.

15. 不变. 系统的传递函数反映系统自身的特性，与输入具体是何函数无关.

16. $G(s)=\dfrac{\theta(s)}{H(s)}=\dfrac{1/(cF)}{(M/F)s+1}$.

第 2 章

解析函数

本章重点介绍复变函数研究的主要对象——解析函数，它的性质是本书后续章节讨论的核心内容. 解析函数是区域内处处可微分的复变函数，在控制理论和实践中有着十分广泛的应用. 本章将首先介绍解析函数的基本定义，然后重点探讨函数解析的充分必要条件，接着介绍基本初等函数，最后对解析函数在控制领域中的应用进行简要阐述.

2.1　解析函数的概念

2.1.1　复变函数的导数

定义 2.1

设函数 $w=f(z)$ 在点 z_0 的某邻域内有定义，$z_0+\Delta z$ 是邻域内任一点，$\Delta w=f(z_0+\Delta z)-f(z_0)$，$\Delta z=z-z_0$，若

$$\lim_{\Delta z\to 0}\frac{\Delta w}{\Delta z}=\lim_{\Delta z\to 0}\frac{f(z_0+\Delta z)-f(z_0)}{\Delta z}$$

存在有限的极限值 A，则称 $f(z)$ 在 z_0 处可导，A 记作 $f'(z_0)$ 或 $\left.\frac{\mathrm{d}w}{\mathrm{d}z}\right|_{z=z_0}$，即

$$f'(z_0)=\lim_{\Delta z\to 0}\frac{f(z_0+\Delta z)-f(z_0)}{\Delta z} \tag{2.1}$$

或

$$\Delta w=f'(z_0)\Delta z+o(|\Delta z|)\quad(\Delta z\to 0), \tag{2.2}$$

也称 $\mathrm{d}f(z_0)=f'(z_0)\Delta z$，或称 $f'(z_0)\mathrm{d}z$ 为 $f(z)$ 在 z_0 处的微分，故也称 $f(z)$ 在 z_0 处可微.

若$f(z)$在z_0处可导（或可微），则$f(z)$在z_0处一定连续，但函数$f(z)$在z_0处连续不一定在z_0处可导. 事实上，由$f(z)$在z_0点可导，必有

$$\lim_{\Delta z\to 0}\frac{f(z_0+\Delta z)-f(z_0)}{\Delta z}-f'(z_0)=0.$$

令

$$\rho(\Delta z)=\frac{f(z_0+\Delta z)-f(z_0)}{\Delta z}-f'(z_0),$$

则可得

$$f(z_0+\Delta z)-f(z_0)=f'(z_0)\Delta z+\rho(\Delta z)\Delta z.$$

再由$\lim\limits_{\Delta z\to 0}\rho(\Delta z)=0$，所以

$$\lim_{\Delta z\to 0}f(z_0+\Delta z)=f(z_0).$$

即$f(z)$在z_0处连续.

例 2.1 证明：函数$f(z)=|z|^2$在$z=0$点可导，且导数等于0.

证明：因商式

$$\frac{f(z)-f(0)}{z-0}=\frac{|z|^2}{z}=\bar{z},$$

当$z\to 0$时，$\bar{z}\to 0$，故$f(z)$在$z=0$可导且导数等于0. ■

2.1.2 解析函数的简单概念及性质

定义 2.2

若$f(z)$在z_0及z_0的邻域内处处可导，则称$f(z)$在z_0处解析；若$f(z)$在区域D内每一点解析，则称$f(z)$在D内解析，或称$f(z)$是D内的解析函数；若$f(z)$在z_0处不解析，则称z_0为$f(z)$的奇点. 有时也说函数在一个闭区域上为解析，这是指函数在一个包含该闭区域的更大的区域上为解析.

总之，凡是说到函数解析，总是指函数在某个区域上处处有导数. 解析性不是函数在一个孤立点上的性质，而是函数在一个区域上的性质. 若函数在一点处解析，则一定在该点可导，但反过来不一定成立. 因此，点可导与点解析是**不等价的**. 但是函数在区域内解析与在区域内处处可导是**等价的**. 由于复变函数的导数定义在形式上类似于微积分中单元实函数导数的定义，因此用与微

积分中类似的方法就可以证明下一节给出的求导法则.

2.1.3　复变函数的运算法则

将数学分析中有关运算法则推广到复变函数，就有如下结论.

(1) 如果函数$f_1(z)$, $f_2(z)$在区域D内解析，则其和、差、积、商（讨论两函数的商时，要求分母在D内不为零）在D内解析，并且有：

- $[f_1(z) \pm f_2(z)]' = f_1'(z) \pm f_2'(z)$;
- $[f_1(z)f_2(z)]' = f_1'(z)f_2(z) + f_1(z)f_2'(z)$;
- $\left[\dfrac{f_1(z)}{f_2(z)}\right]' = \dfrac{f_1'(z)f_2(z) - f_1(z)f_2'(z)}{[f_2(z)]^2}$　$(f_2(z) \neq 0)$.

(2)（复合函数的求导法则）设函数$\xi = f(z)$在区域D内解析，函数$w = g(\xi)$在区域G内解析. 若对于D内每一点z，函数$f(z)$的值ξ均属于G，则$w = g[f(z)]$在D内解析，且

$$\frac{\mathrm{d}g[f(z)]}{\mathrm{d}z} = \frac{\mathrm{d}g(\xi)}{\mathrm{d}\xi} \cdot \frac{\mathrm{d}f(z)}{\mathrm{d}z}. \tag{2.3}$$

例 2.2　设多项式$P(z) = a_0z^n + a_1z^{n-1} + \cdots + a_n (a_0 \neq 0)$，由上述求导法则知，$P(z)$在$z$平面上解析，且

$$P'(z) = na_0z^{n-1} + (n-1)a_1z^{n-2} + \cdots + 2a_{n-2}z + a_{n-1}.$$

由复变函数的运算法则可知，解析函数的和、差、积和商（分母不为零）都是解析函数，两个解析函数的复合函数也是解析函数.

例 2.3　设$f(z)$是区域D上的实值函数，证明$f(z)$在D上解析的充分必要条件是$f(z)$在D上为常数.

证明： 充分性是显然的，现证必要性. 任取$z_0 = x_0 + \mathrm{i}y_0 \in D$，如果令$z = x + \mathrm{i}y_0 \in D$，则

$$f'(z_0) = \lim_{z \to z_0} \frac{f(z) - f(z_0)}{z - z_0} = \frac{\partial f}{\partial x}$$

为实数，而如果取$z = x_0 + \mathrm{i}y \in D$，则

$$f'(z_0) = \lim_{z \to z_0} \frac{f(z) - f(z_0)}{z - z_0} = -\mathrm{i}\frac{\partial f}{\partial y}$$

为虚数. 因此必须有$f'(z_0) = 0$，即

$$\frac{\partial f}{\partial x} \equiv 0,\ \frac{\partial f}{\partial y} \equiv 0.$$

得 $f(z)$ 为常数. ■

由例 2.3，有下面常用的一个推论.

推论 2.1

如果两个解析函数的实部（或虚部）相同，则这两个解析函数之间仅差一常数.

通过上面的证明可同时得到：如果 $f(z)$ 在 $z_0 = x_0 + \mathrm{i}y_0$ 处可导，则

$$f'(z_0) = \frac{\partial u(x_0, y_0)}{\partial x} + \mathrm{i}\frac{\partial v(x_0, y_0)}{\partial x}.$$

2.2 柯西 - 黎曼方程

$f(z) = u(x,y) + \mathrm{i}v(x,y)$ 作为复函数对 z 的可导性与 $u(x,y)$，$v(x,y)$ 作为实函数对 x 和 y 的可导性之间有什么关系？换句话说，函数 $u(x,y)$，$v(x,y)$ 之间满足什么关系才能保证 $f(z) = u(x,y) + \mathrm{i}v(x,y)$ 是解析的？对此，可以有如下定理：

定理 2.1

设 $f(z) = u(x,y) + \mathrm{i}v(x,y)$ 在 $z_0 = x_0 + \mathrm{i}y_0$ 处对 z 可导，则 $u(x,y)$，$v(x,y)$ 在 (x_0, y_0) 处对 x 和 y 存在偏导数，并且其偏导数满足：

$$\frac{\partial u}{\partial x} = \frac{\partial v}{\partial y},\ \frac{\partial u}{\partial y} = -\frac{\partial v}{\partial x}.$$

证明：当 $\Delta x \in \mathbb{R}$ 时，有

$$\begin{aligned} f'(z_0) &= \lim_{\Delta x \to 0} \frac{f(z_0 + \Delta x) - f(z_0)}{\Delta x} \\ &= \lim_{\Delta x \to 0} \frac{u(x_0 + \Delta x, y_0) - u(x_0, y_0)}{\Delta x} + \mathrm{i} \lim_{\Delta x \to 0} \frac{v(x_0 + \Delta x, y_0) - v(x_0, y_0)}{\Delta x} \\ &= \frac{\partial u(x_0, y_0)}{\partial x} + \mathrm{i}\frac{\partial v(x_0, y_0)}{\partial x}. \end{aligned}$$

当 $\Delta y \in \mathbb{R}$ 时，有

$$
\begin{aligned}
f'(z_0) &= \lim_{\Delta y \to 0} \frac{f(z_0 + \mathrm{i}\Delta y) - f(z_0)}{\mathrm{i}\Delta y} \\
&= \frac{1}{\mathrm{i}} \lim_{\Delta y \to 0} \frac{u(x_0, y_0 + \Delta y) - u(x_0, y_0)}{\Delta y} + \lim_{\Delta y \to 0} \frac{v(x_0, y_0 + \Delta y) - v(x_0, y_0)}{\Delta y} \\
&= \frac{\partial v(x_0, y_0)}{\partial y} - \mathrm{i} \frac{\partial u(x_0, y_0)}{\partial y}.
\end{aligned}
$$

比较上述结果的实部与虚部，即得到所要证的结果. ■

通过上面定理的证明还得到：如果 $f(z)$ 在 $z_0 = x_0 + \mathrm{i}y_0$ 处可导，则

$$
\begin{aligned}
f'(z_0) &= \frac{\partial u(x_0, y_0)}{\partial x} + \mathrm{i} \frac{\partial v(x_0, y_0)}{\partial x} \\
&= \frac{\partial v(x_0, y_0)}{\partial y} - \mathrm{i} \frac{\partial u(x_0, y_0)}{\partial y}.
\end{aligned}
$$

我们从上述定理中分离出如下定义：

定义 2.3

微分方程

$$
\frac{\partial u}{\partial x} = \frac{\partial v}{\partial y}, \quad \frac{\partial v}{\partial x} = -\frac{\partial u}{\partial y} \tag{2.4}
$$

称为**柯西－黎曼**（Cauchy－Riemann）方程，简称 **C－R** 方程.

由定义 2.3 可知，如果函数 $f(z) = u(x, y) + \mathrm{i}v(x, y)$ 可导，则其实部与虚部之间并不相互独立，需要满足 C－R 方程. 由于在微积分中偏导数存在甚至不能保证函数的连续，因此定义 2.3 的逆一般是不成立的，即 u, v 均存在偏导数（而非处处可微）且偏导数满足 C－R 方程并不足以保证函数 $f = u + \mathrm{i}v$ 关于 z 可导.

例 2.4　证明：函数 $f(z) = u(x, y) + \mathrm{i}v(x, y)$ 在区域 Ω 上解析的充要条件是 $u(x, y)$ 和 $v(x, y)$ 在区域 Ω 上处处可微，并且其偏导数在区域 Ω 上满足C－R方程：

$$
\frac{\partial u}{\partial x} = \frac{\partial v}{\partial y}, \quad \frac{\partial v}{\partial x} = -\frac{\partial u}{\partial y}.
$$

证明： 设 $f(z)$ 在区域 Ω 上解析，对任意 $z_0 = x_0 + \mathrm{i}y_0 \in \Omega$，有

$$f(z)=f(z_0)+f'(z_0)(z-z_0)+o(|z-z_0|).$$

比较上式的实部与虚部，得到 $u(x,y)$ 和 $v(x,y)$ 在 (x_0,y_0) 处可微. 再由定义 2.2.1 可知，$u(x,y)$ 和 $v(x,y)$ 的偏导数在区域 Ω 上满足 C－R 方程.

现设 $z_0=x_0+\mathrm{i}y_0\in\Omega$, $u(x,y)$, $v(x,y)$ 在 (x_0,y_0) 处可微，且满足 C－R 方程. 由可微性得

$$\begin{aligned}&u(x_0+\Delta x,y+\Delta y)-u(x_0,y_0)\\&=\frac{\partial u(x_0,y_0)}{\partial x}\Delta x+\frac{\partial u(x_0,y_0)}{\partial y}\Delta y+o(\sqrt{|\Delta x|^2+|\Delta y|^2}),\\&v(x_0+\Delta x,y+\Delta y)-v(x_0,y_0)\\&=\frac{\partial v(x_0,y_0)}{\partial x}\Delta x+\frac{\partial v(x_0,y_0)}{\partial y}\Delta y+o(\sqrt{|\Delta x|^2+|\Delta y|^2}).\end{aligned}$$

因此，如果令 $\Delta z=\Delta x+\mathrm{i}\Delta y$，则有

$$\begin{aligned}&f(z_0+\Delta z)-f(z_0)\\&=\left[\frac{\partial u(x_0,y_0)}{\partial x}+\mathrm{i}\frac{\partial v(x_0,y_0)}{\partial x}\right]\Delta x+\left[\frac{\partial u(x_0,y_0)}{\partial y}+\mathrm{i}\frac{\partial v(x_0,y_0)}{\partial y}\right]\Delta y+o(|\Delta z|)\\&=\left[\frac{\partial u(x_0,y_0)}{\partial x}-\mathrm{i}\frac{\partial u(x_0,y_0)}{\partial y}\right]\Delta x+\left[\frac{\partial u(x_0,y_0)}{\partial y}+\mathrm{i}\frac{\partial u(x_0,y_0)}{\partial x}\right]\Delta y+o(|\Delta z|)\\&=\left[\frac{\partial u(x_0,y_0)}{\partial x}-\mathrm{i}\frac{\partial u(x_0,y_0)}{\partial y}\right](\Delta x+\mathrm{i}\Delta y)+o(|\Delta z|)\\&=\left[\frac{\partial u(x_0,y_0)}{\partial x}-\mathrm{i}\frac{\partial u(x_0,y_0)}{\partial y}\right]\Delta z+o(|\Delta z|).\end{aligned}$$

于是得到 $f(z)$ 在 z_0 处可导. 由于 $z_0\in\Omega$ 是任意的，故 $f(z)$ 在 Ω 上解析. ■

例 2.5 证明：e^z 在 $\mathbb{C}$ 上解析.

证明： 设 $z=x+\mathrm{i}y$，利用欧拉方程，可定义

$$\mathrm{e}^z=\mathrm{e}^{x+\mathrm{i}y}=\mathrm{e}^x\mathrm{e}^{\mathrm{i}y}=\mathrm{e}^x(\cos y+\mathrm{i}\sin y),$$

则 e^z 在 $\mathbb{C}$ 上解析. ■

例 2.6 设 $u(x,y)$, $v(x,y)$ 都是区域 Ω 上的 C^2 函数（即二阶导连续的函数）. 证明：如果函数 $f=u+\mathrm{i}v$ 在区域 Ω 上解析，则 $f'(z)$ 在区域 Ω 上也解析.

证明： 由于 $f(z)$ 在区域 Ω 上解析，因此

$$f'(z)=\frac{\partial u}{\partial x}+\mathrm{i}\frac{\partial v}{\partial x}.$$

并且 u,v 满足 C－R 方程：

$$\frac{\partial u}{\partial x}=\frac{\partial v}{\partial y},\ \frac{\partial v}{\partial x}=-\frac{\partial u}{\partial y}.$$

利用此，以及 u,v 为区域 Ω 上的 C^2 函数，得

$$\frac{\partial}{\partial x}\left(\frac{\partial u}{\partial x}\right)=\frac{\partial}{\partial x}\left(\frac{\partial v}{\partial y}\right)=\frac{\partial}{\partial y}\left(\frac{\partial v}{\partial x}\right),$$

$$\frac{\partial}{\partial y}\left(\frac{\partial u}{\partial x}\right)=\frac{\partial}{\partial x}\left(\frac{\partial u}{\partial y}\right)=\frac{\partial}{\partial x}\left(-\frac{\partial v}{\partial x}\right)=-\frac{\partial}{\partial x}\left(\frac{\partial v}{\partial x}\right).$$

可见，$f'(z)$ 的实部与虚部满足 C－R 方程，所以 $f'(z)$ 解析. ■

上面讨论的是解析函数的实部与虚部的关系，接下来要思考：对于区域 Ω 上给定的一个 C^{∞} 的实函数（即任意阶数的导数都连续）$u(x,y)$，在什么条件下能够称其为一个解析函数的实部，即 C－R 方程在什么条件下有解 $v(x,y)$？对此，需要考虑 C－R 方程的可解条件. 对 C－R 方程求二阶偏导，由

$$\frac{\partial u}{\partial x}=\frac{\partial v}{\partial y},\ \frac{\partial v}{\partial x}=-\frac{\partial u}{\partial y},$$

得

$$\frac{\partial^2 u}{\partial x^2}=\frac{\partial^2 v}{\partial x\partial y},\ \frac{\partial^2 u}{\partial y^2}=-\frac{\partial^2 v}{\partial x\partial y}.$$

因此

$$\frac{\partial^2 u}{\partial x^2}+\frac{\partial^2 u}{\partial y^2}=0.$$

定义 2.4

我们称

$$\Delta=\frac{\partial^2}{\partial x^2}+\frac{\partial^2}{\partial y^2} \tag{2.5}$$

为拉普拉斯（Laplace）算子.

定义2.5

如果区域 Ω 上二阶连续可导的函数 $u(x,y)$ 满足 $\Delta u=0$，则称 u 为区域 Ω 上的调和函数.

由上述讨论，可得到了如下结论：

设 $f(z)=u(x,y)+\mathrm{i}v(x,y)$ 为区域 Ω 上的解析函数，并且 $u,v\in C^2(\Omega)$，则 $u(x,y),v(x,y)$ 都是区域 Ω 上的调和函数是 $u(x,y)$ 为解析函数的实部的必要条件，这一条件的充分性与 Ω 的连通性有关. 如果 Ω 是单连通区域，对给定的 Ω 内的调和函数 u，我们总可以在 Ω 内确定一个调和函数 v，使得 u,v 满足 C－R 方程. 对此，先给出如下定义：

定义2.6

设 $u(x,y)$ 是区域 Ω 上给定的调和函数，Ω 上的调和函数 $v(x,y)$ 称为 $u(x,y)$ 的共轭调和函数，如果

$$\frac{\partial u}{\partial x}=\frac{\partial v}{\partial y},\ \frac{\partial v}{\partial x}=-\frac{\partial u}{\partial y},$$

如果 $v(x,y)$ 是 $u(x,y)$ 的共轭调和函数，则 $f(z)=u(x,y)+\mathrm{i}v(x,y)$ 是解析函数，因此 Ω 上的调和函数 $u(x,y)$ 是 Ω 上一个解析函数的实部的充要条件是 $u(x,y)$ 有共轭调和函数.

定理2.2

设 Ω 是 $\mathbb{C}$ 中的单连通区域，则 Ω 上任意的调和函数 $u(x,y)$ 必存在共轭调和函数 $v(x,y)$，且 $v(x,y)$ 在相差一个常数的意义下由 $u(x,y)$ 唯一确定.

证明： 在 Ω 上考虑路径积分 $\int_\gamma \frac{\partial u}{\partial x}\mathrm{d}y-\frac{\partial u}{\partial y}\mathrm{d}x$. 如果 γ 是 Ω 中的简单闭曲线，由 Ω 的单连通性知，存在 Ω 中的有界区域 D，使得 $\gamma=\partial D$. 因此利用格林（Green）公式得

$$\int_\gamma \frac{\partial u}{\partial x}\mathrm{d}y-\frac{\partial u}{\partial y}\mathrm{d}x=\iint_D\left(\frac{\partial^2 u}{\partial x^2}+\frac{\partial^2 u}{\partial y^2}\right)\mathrm{d}x\mathrm{d}y=0$$

这说明路径积分

$$\int_{\gamma} \frac{\partial u}{\partial x}\mathrm{d}y - \frac{\partial u}{\partial y}\mathrm{d}x$$

仅与路径的起点和终点有关，而与路径本身无关.

在 Ω 内任取一点 $p_0=(x_0,y_0)$，对 Ω 的任意点 $p=(x,y)$，在 Ω 中连接 p 和 p_0 的分段光滑曲线 γ，并定义函数：

$$v(x,y) = \int_{\gamma} \frac{\partial u}{\partial x}\mathrm{d}y - \frac{\partial u}{\partial y}\mathrm{d}x.$$

由于上面积分与 γ 的选取无关，因此 $v(x,y)$ 的定义是合理的. 函数 v 的微分为

$$\mathrm{d}v = \frac{\partial u}{\partial x}\mathrm{d}y - \frac{\partial u}{\partial y}\mathrm{d}x.$$

即

$$\frac{\partial u}{\partial x} = \frac{\partial v}{\partial y},\ \frac{\partial v}{\partial x} = -\frac{\partial u}{\partial y},\ \frac{\partial^2 v}{\partial x^2} + \frac{\partial^2 v}{\partial y^2} = 0.$$

这就证明了 $v(x,y)$ 是 $u(x,y)$ 的共轭调和函数. 如果 $v_1(x,y)$ 是 $u(x,y)$ 的另一共轭调和函数，则由 C－R 方程得到

$$\frac{\partial v_1(x,y)}{\partial x} = \frac{\partial v(x,y)}{\partial x},\ \frac{\partial v_1(x,y)}{\partial y} = \frac{\partial v(x,y)}{\partial y}$$

由于 Ω 是单连通的，因此有 $v(x,y)=v_1(x,y)+c$. 证毕. ■

2.3　初等解析函数

初等解析函数是数学分析中通常的初等函数在复数域的推广. 在初等数学里曾用一些几何或者代数方法来研究函数的基本性质，当这些函数从实数域被拓展到复数域，会有很多其他重要特性被挖掘，如周期性、无穷多值性、无界性等. 本节主要讨论复初等单值函数的解析性.

2.3.1　指数函数

定义 2.7

对于任意复数 $z=x+\mathrm{i}y$，称

$$\mathrm{e}^z = \mathrm{e}^{x+\mathrm{i}y} = \mathrm{e}^x(\cos y + \mathrm{i}\sin y) \tag{2.6}$$

为指数函数.

由此，对于任意的实数 y 有

$$e^{iy}=\cos y+i\sin y,$$

这个式子即**欧拉（Euler）公式**.

注 2.1 当 $y=0$ 时，有 $e^z=e^x$. 可见复变量的指数函数 e^z 其实是实变量的指数函数 e^x 在复平面上的解析拓广.

从实数域上的指数函数拓广到复数域的指数函数以后，函数的性质发生了以下变化.

（1）指数的加法定理成立，即如果设 $z_1=x_1+iy_1$，$z_2=x_2+iy_2$，则由定义可得

$$\begin{aligned}e^{z_1}e^{z_2}&=e^{x_1}(\cos y_1+i\sin y_1)\cdot e^{x_2}(\cos y_2+i\sin y_2)\\&=e^{x_1+x_2}[\cos(y_1+y_2)+i\sin(y_1+y_2)]\\&=e^{z_1+z_2},\end{aligned}\tag{2.7}$$

也就是 $e^{z_1+z_2}=e^{z_1}e^{z_2}$.

（2）e^z 在 z 平面上解析，并且满足 $(e^z)'=e^z$.

（3）不存在极限 $\lim\limits_{z\to\infty}e^z$，即 e^{∞} 无意义. 因为当 z 沿着实轴正向趋于 ∞ 时，

$$\lim_{\substack{z\to\infty\\z=x>0}}e^z=\lim_{x\to+\infty}e^x=+\infty.$$

当 z 沿实轴负向趋于 ∞ 时，有

$$\lim_{\substack{z\to\infty\\z=x<0}}e^z=\lim_{x\to-\infty}e^x=0.$$

（4）由欧拉公式可知

$$e^z=e^{x+iy}=e^xe^{iy},$$

所以我们可得

$$|e^z|=e^x,\ \mathrm{Arg}(e^z)=y+2k\pi,\ k=0,\pm1,\pm2,\cdots$$

因为 $e^x\neq0$，所以总有 $e^z\neq0$.

（5）指数函数 e^z 是以 $2k\pi i(k=\pm1,\pm2,\cdots)$ 为周期的函数. 由欧拉公式可得，对于任意整数 k 有

$$e^{2k\pi i}=\cos(2k\pi)+i\sin(2k\pi)=1,$$

因此 $e^{z+2k\pi i}=e^ze^{2k\pi i}=e^z$.

注 2.2 （1）如果当 z 增加一个定值 ω 时，函数 $f(z)$ 的值不变，即 $f(z+\omega)=f(z)$，则称 $f(z)$ 为周期函数，ω 是 $f(z)$ 的周期. 如果 $f(z)$ 的所有周

期都是某一周期 ω 的整倍数，则称 ω 是函数 $f(z)$ 的基本周期. 因此，指数函数 e^z 是以 $2\pi i$ 为基本周期的周期函数.

(2) e^z 仅仅是一个记号，它与 $e=2.718\cdots$ 的乘方不同，没有幂的含义. 有时可以将复指数函数 e^z 写为 $\exp(z)$，以示区别.

例 2.7　计算 $e^{-2+\frac{\pi}{4}i}$ 的值.

解：根据指数函数的定义，可得

$$e^{-2+\frac{\pi}{4}i}=e^{-2}\left(\cos\frac{\pi}{4}+i\sin\frac{\pi}{4}\right)$$

$$=e^{-2}\left(\frac{\sqrt{2}}{2}+\frac{\sqrt{2}}{2}i\right)$$

$$=\frac{1}{2}e^{-2}\sqrt{2}+\frac{1}{2}e^{-2}\sqrt{2}i.$$

2.3.2　三角函数和双曲函数

根据欧拉公式，可得

$$e^{iy}=\cos y+i\sin y,$$

$$e^{-iy}=\cos y-i\sin y,$$

由此，能够将三角函数与指数函数结合，用指数函数来表示正弦和余弦，即

$$\cos y=\frac{1}{2}(e^{iy}+e^{-iy}),$$

$$\sin y=\frac{1}{2i}(e^{iy}-e^{-iy}).$$

特别地，将等式右端的实数 y 替换为复数 z 仍然有意义.

定义 2.8

复变量 z 的正弦函数和余弦函数分别定义为

$$\sin z=\frac{e^{iz}-e^{-iz}}{2i},$$

$$\cos z=\frac{e^{iz}+e^{-iz}}{2}.$$

复变量的正弦函数和余弦函数具有如下性质.

（1）$\sin z$ 是奇函数，$\cos z$ 是偶函数，并且满足三角恒等式：

- $\sin^2 z+\cos^2 z=1$；
- $\sin(z_1+z_2)=\sin z_1\cdot\cos z_2+\cos z_1\cdot\sin z_2$；
- $\cos(z_1+z_2)=\cos z_1\cdot\cos z_2-\sin z_1\cdot\sin z_2$.

其中，以 $\sin(z_1+z_2)$ 为例，

$$\begin{aligned}\sin(z_1+z_2)&=\frac{e^{i(z_1+z_2)}-e^{-i(z_1+z_2)}}{2i}\\&=\frac{e^{iz_1}e^{iz_2}-e^{-iz_1}e^{-iz_2}}{2i}\\&=\frac{e^{iz_1}-e^{-iz_1}}{2i}\cdot\frac{e^{iz_2}+e^{-iz_2}}{2}+\frac{e^{iz_1}+e^{-iz_1}}{2}\cdot\frac{e^{iz_2}-e^{-iz_2}}{2i}\\&=\sin z_1\cdot\cos z_2+\cos z_1\cdot\sin z_2.\end{aligned}$$

（2）三角函数在 z 平面上是解析的，有：

- $(\sin z)'=\frac{1}{2i}(e^{iz}-e^{-iz})'=\frac{1}{2}(e^{iz}+e^{-iz})=\cos z$；
- $(\cos z)'=-\sin z$.

（3）$\cos z$ 和 $\sin z$ 都是以 2π 为基本周期的周期函数，其中

$$\begin{aligned}\cos(z+2\pi)&=\frac{e^{i(z+2\pi)}+e^{-i(z+2\pi)}}{2}=\frac{e^{iz+i2\pi}+e^{-iz-i2\pi}}{2}\\&=\frac{e^{iz}+e^{-iz}}{2}=\cos z,\end{aligned}$$

同理，可验证 $\sin z$ 的周期性.

（4）在实数域内，三角函数满足 $|\sin x|\leqslant 1$ 和 $|\cos x|\leqslant 1$，而这在复数域内不再成立. 例如，当 $z=iy$ 时，

$$\cos z=\cos iy=\frac{1}{2}(e^{-y}+e^{y}),$$

其中，$y\to\infty$ 时 $|\cos iy|$ 也无限增大. $\sin z$ 和 $\cos z$ 都是无界的，并且 $\sin^2 z$ 和 $\cos^2 z$ 可能取任意复数值，不一定是非负的.

注 2.3 其他复变量三角函数有如下定义：

$$\tan z=\frac{\sin z}{\cos z},\quad \cot z=\frac{\cos z}{\sin z},\quad \sec z=\frac{1}{\cos z},\quad \csc z=\frac{1}{\sin z},$$

它们分别被称为 z 的**正切函数**、**余切函数**、**正割函数**和**余割函数**.

例 2.8　试求函数 $f(z)=\sin(5z)$ 的周期.

解: $\sin\omega$ 是以 2π 为周期的周期函数，因此有

$$\sin(\omega+2\pi)=\sin\omega,$$

$$\sin(5z+2\pi)=\sin(5z).$$

另一方面，$\sin(5z+2\pi)=\sin 5\left(z+\frac{2\pi}{5}\right)$，所以

$$\sin 5\left(z+\frac{2\pi}{5}\right)=\sin(5z).$$

即 $f(z)=\sin(5z)$ 的周期是 $\frac{2\pi}{5}$.

定义 2.9

复变量 z 的双曲正弦函数、双曲余弦函数、双曲正切函数、双曲余切函数、双曲正割函数和双曲余割函数分别被定义为

$$\sinh z=\frac{e^{z}-e^{-z}}{2},\qquad \cosh z=\frac{e^{z}+e^{-z}}{2},$$

$$\tanh z=\frac{\sinh z}{\cosh z},\qquad \coth z=\frac{1}{\tanh z},$$

$$\operatorname{sech} z=\frac{1}{\cosh z},\qquad \operatorname{csch} z=\frac{1}{\sinh z}.$$

由上面定义可知，它们都是相应的实数双曲函数在复数域的推广. 因为 e^{z} 和 e^{-z} 都以 $2\pi i$ 为基本周期，所以双曲函数也以 $2\pi i$ 为基本周期. 特别地，双曲函数与三角函数之间有如下关系:

$$\sinh z=-i\sin iz,\qquad \cosh z=\cos iz,$$

$$\tanh z=-i\tan iz,\qquad \coth z=i\cot iz.$$

其中，$\sinh z$ 为奇函数，$\cosh z$ 为偶函数，它们在复平面内解析. 根据定义可得

$$(\sinh z)'=\cosh z,\qquad (\cosh z)'=\sinh z.$$

例 2.9　求 $\sin(1+2i)$ 的值.

解:

$$\sin(1+2i)=\frac{e^{i(1+2i)}-e^{-i(1+2i)}}{2i}=\frac{e^{-2+i}-e^{2-i}}{2i}$$

$$=\frac{e^{-2}(\cos 1+i\sin 1)-e^{2}(\cos 1-i\sin 1)}{2i}$$

$$=\frac{e^{2}+e^{-2}}{2}\sin 1+i\,\frac{e^{2}-e^{-2}}{2}\cos 1$$

$$=\cosh 2\sin 1+i\sinh 2\cos 1.$$

例 2.10 求 $\cos(\pi+5i)$的值.

解:

$$\cos(\pi+5i)=\frac{e^{i(\pi+5i)}+e^{-i(\pi+5i)}}{2}$$

$$=\frac{e^{-5+\pi i}+e^{5-\pi i}}{2}=\frac{e^{-5}e^{\pi i}+e^{5}e^{-\pi i}}{2}$$

$$=\frac{e^{-5}(\cos\pi+i\sin\pi)+e^{5}(\cos\pi-i\sin\pi)}{2}$$

$$=\frac{e^{-5}(-1)+e^{5}(-1)}{2}$$

$$=-\frac{e^{5}+e^{-5}}{2}=-\cosh 5.$$

2.4 初等多值函数

研究复数域中的多值函数能够揭示函数多值性的本质，因此具有十分重要的意义. 本节探讨对数函数、幂函数、反三角函数、反双曲函数、根式函数的基本性质.

2.4.1 对数函数

指数函数的反函数即复变量的对数函数，由此有如下定义：

定义 2.10

如果

$$e^{\omega}=z\quad(z\neq 0,\infty),\tag{2.8}$$

则复数 ω 称为复数 z 的对数，记为 $\omega=\mathrm{Ln}\,z$.

令 $z = re^{i\theta}, \omega = u + iv$，则方程 $e^{\omega} = z$ 可转换为 $e^{u+iv} = re^{i\theta}$，因此可得

$$e^{u} = r,\ v = \theta + 2k\pi \quad (k = 0, \pm 1, \pm 2, \cdots).$$

从而可推出

$$u = \ln r,\ v = \theta + 2k\pi \quad (k = 0, \pm 1, \pm 2, \cdots).$$

其中，$r = |z|$，θ 是复变量 z 的幅角，即 $v = \mathrm{Arg}\, z$. 由此可得

$$\omega = \mathrm{Ln}\, z = \ln |z| + i\, \mathrm{Arg}\, z,\ z \neq 0.$$

其中，$\ln|z|$ 为 $|z|$ 的自然对数，是单值的，而 $\mathrm{Arg}\, z$ 为多值函数，因此复数域内的对数函数为多值函数. 由于 $\mathrm{Arg}\, z = \arg z + 2k\pi (k = 0, \pm 1, \pm 2, \cdots)$，因此上式也可以写为

$$\begin{aligned} \mathrm{Ln}\, z &= \ln |z| + i(\arg z + 2k\pi) \\ &= \ln z + 2k\pi i, \end{aligned}$$

其中，$\ln z = \ln |z| + i \arg z$ 为 $\mathrm{Ln}\, z$ 的某一个特定值，$\arg z$ 表示 $\mathrm{Arg}\, z$ 的一个特定值. 如果限定 $\arg z$ 取主值，即 $-\pi < \arg z \leqslant \pi$，则将 $\ln z$ 称为 $\mathrm{Ln}\, z$ 的**主值**（或者**主值支**）. 由上式可知，一个复数 $z(z \neq 0, \infty)$ 的对数仍然是复数，并且其对数的任意两个相异值之差为 2π 的整数倍. 特别地，当 z 等于实数 $x > 0$ 时，$\mathrm{Ln}\, z$ 的主值 $\ln z = \ln x$，就是实变量对数函数.

复数域内，对数函数的基本性质如下：

（1）对数函数的主值 $\omega = \ln z$ 在除去原点及负实轴的复平面上解析，并且 $\frac{d}{dz}(\ln z) = \frac{1}{z}$. 由于 $\ln z = \ln |z| + i \arg z$，其中 $-\pi < \arg z \leqslant \pi$. 如果 $z = 0$，则 $\ln |z|$ 和 $\arg z$ 都没有定义；而当$x < 0$ 时，可得

$$\lim_{y \to 0^-} \arg z = -\pi,\ \lim_{y \to 0^+} \arg z = \pi.$$

由此可见，$\omega = \ln z$ 在原点及负实轴上是不连续的，所以不可导. 另一方面，指数函数 $z = e^{\omega}$ 在 $-\pi < \arg z < \pi$ 时，它的反函数 $\omega = \ln z$ 是单值的. 根据反函数求导法则可得

$$\frac{d(\ln z)}{dz} = \frac{1}{\dfrac{de^{\omega}}{d\omega}} = \frac{1}{z}.$$

因此，主值函数 $\ln z$ 在除去原点及负实轴的平面内解析. 根据主值函数与 $\mathrm{Ln}\, z$ 之间的关系（$\mathrm{Ln}\, z = \ln z + 2k\pi i$）可知，对数函数 $\mathrm{Ln}\, z$ 的各分支在除去原点及负

实轴的平面内也解析.

（2）根据对数函数的定义，可得如下运算性质：

$$\mathrm{Ln}(z_1 z_2) = \mathrm{Ln}\, z_1 + \mathrm{Ln}\, z_2, \tag{2.9}$$

$$\mathrm{Ln}\, \frac{z_1}{z_2} = \mathrm{Ln}\, z_1 - \mathrm{Ln}\, z_2. \tag{2.10}$$

以式（2.9）为例，根据指数函数的加法定理，如果令

$$\mathrm{e}^{\mathrm{Ln}\, z_1} = z_1 \quad \mathrm{e}^{\mathrm{Ln}\, z_2} = z_2,$$

则可得恒等式

$$\mathrm{e}^{\mathrm{Ln}\, z_1 + \mathrm{Ln}\, z_2} = z_1 z_2.$$

另一方面，由于 $\mathrm{e}^{\mathrm{Ln}(z_1 z_2)} = z_1 z_2$，因此得证

$$\mathrm{Ln}(z_1 z_2) = \mathrm{Ln}\, z_1 + \mathrm{Ln}\, z_2.$$

例 2.11 计算 $\ln \mathrm{i}$ 及 $\mathrm{Ln}(2-3\mathrm{i})$.

解：（1）根据定义可得

$$\ln \mathrm{i} = \ln|\mathrm{i}| + \mathrm{i} \arg \mathrm{i} = \frac{\pi}{2}\mathrm{i}.$$

（2）由于

$$|2-3\mathrm{i}| = \sqrt{13},\ \arg(2-3\mathrm{i}) = -\arctan\frac{3}{2},$$

因此可得

$$\mathrm{Ln}(2-3\mathrm{i}) = \frac{1}{2}\ln 13 - \mathrm{i}\left(\arctan\frac{3}{2} + 2k\pi\right) \quad (k = 0, \pm 1, \pm 2, \cdots).$$

2.4.2 幂函数

定义 2.11

$\omega = z^{\alpha} = \mathrm{e}^{\alpha \mathrm{Ln}\, z}$ 称为复变量 z 的幂函数，其中 $z \neq 0$ 且 α 为复常量. 规定：当 α 为正实数且 $z = 0$ 时，$z^{\alpha} = 0$.

由于复变量 z 的对数函数 $\mathrm{Ln}\, z$ 是多值函数，因此可知幂函数 $z^{\alpha} = \mathrm{e}^{\alpha \mathrm{Ln}\, z}$ 也是多值函数. 如果假设 $(\ln z)_0$ 表示 $\mathrm{Ln}\, z$ 中的任意一个确定的值，则

$$z^{\alpha} = \mathrm{e}^{\alpha \mathrm{Ln}\, z} = \mathrm{e}^{\alpha[(\ln z)_0 + 2k\pi \mathrm{i}]}$$

$$=\omega_0=e^{2k\pi i\alpha}\quad (k=0,\pm1,\pm2,\cdots),$$

其中，$\omega_0=e^{\alpha(\ln z)_0}$表示幂函数 z^α 所有值中的一个.

接下来，讨论 α 取不同值时的情形：

（1）如果 α 为一个正整数 n，则

$$e^{2k\pi i\alpha}=e^{2(kn)\pi i}=1,$$

此时 z^α 是 z 的单值函数.

（2）如果 $\alpha=\frac{1}{n}$（n 为正整数），则

$$z^{\frac{1}{n}}=e^{\frac{1}{n}\mathrm{Ln}\,z}=|z|^{\frac{1}{n}}e^{i\frac{\arg z+2k\pi}{n}}\quad (k=0,1,2,\cdots,n-1),$$

是一个 n 值函数.

（3）如果 $\alpha=0$，则

$$z^0=e^{0\cdot\mathrm{Ln}\,z}=e^0=1.$$

（4）如果 $\alpha=\frac{p}{q}$$\left(\frac{p}{q}\right.$为有理数，其中 p 与 q 为互素的整数，$\left.q>0\right)$，则

$$z^{\frac{p}{q}}=e^{\frac{p}{q}\mathrm{Ln}\,z}=e^{\frac{p}{q}\ln z+\frac{p}{q}i2k\pi},$$

其中，k 为整数. 当 $k=0,1,2,\cdots,q-1$ 时，

$$e^{i2k\pi\frac{p}{q}}=(e^{i2k\pi p})^{\frac{1}{q}},$$

可取不同的 q 个值. 若 k 取其他整数值，则将重复出现上述 q 个值之一. 因此可知，$\omega=z^{\frac{p}{q}}$是 q 值函数，对应 q 个不同的分支.

（5）如果 α 是一个无理数或者复数（$\mathrm{Im}\,\alpha\neq0$），则 $e^{2k\pi i\alpha}$的所有值各不相同，z^α 有无限多个值.

由于对数函数 $\mathrm{Ln}\,z$ 在除去原点和负实轴的复平面内是解析的，因此可知 $\omega=z^\alpha$ 的各个分支在除去原点和负实轴的复平面内也是解析的.

例 2.12 计算 i^i.

解：

$$i^i=e^{i\mathrm{Ln}\,i}=e^{i(\frac{\pi}{2}i+2k\pi i)}=e^{-\frac{\pi}{2}-2k\pi}\quad (k=0,\pm1,\pm2,\cdots),$$

其中 i^i 的主值为 $e^{-\frac{\pi}{2}}$.

例 2.13 计算 2^{1+i}.

解：

$$2^{1+i}=e^{(1+i)\mathrm{Ln}2}=e^{(1+i)(\ln2+2k\pi i)}=e^{(\ln2-2k\pi)+i(\ln2+2k\pi)}$$

$$= e^{(\ln 2 - 2k\pi)}(\cos \ln 2 + i \sin \ln 2) \quad (k = 0, \pm 1, \pm 2, \cdots),$$

其中，2^{1+i}的主值是 $e^{\ln 2}(\cos \ln 2 + i \sin \ln 2)$.

2.4.3 反三角函数与反双曲函数

反三角函数是三角函数的反函数，将反余弦函数定义如下：

定义2.12

如果 $\cos \omega = z$，则称 ω 为复变量 z 的反余弦函数，记为 $\arccos z$，即

$$\omega = \arccos z.$$

同理，可定义**反正弦函数** $\arcsin z$ 及**反正切函数** $\arctan z$.

这三种三角函数与对数函数有如下关系：

(1) $\arccos z = -i\ln(z + \sqrt{z^2 - 1})$;

(2) $\arcsin z = -i\ln(iz + \sqrt{1 - z^2})$;

(3) $\arctan z = \frac{1}{2i}\ln \frac{1 + iz}{1 - iz}$.

以反正切函数为例，记

$$\omega = \arctan z$$

为方程

$$\tan \omega = z \tag{2.11}$$

的解的总体. 式 (2.11) 可改写为

$$\frac{1}{i} \cdot \frac{e^{i\omega} - e^{-i\omega}}{e^{i\omega} + e^{-i\omega}} = z,$$

因此可得

$$e^{2i\omega} = \frac{1 + iz}{1 - iz},$$

所以

$$2i\omega = \ln \frac{1 + iz}{1 - iz},$$

最后可得

$$\arctan z = \frac{1}{2i}\ln \frac{1 + iz}{1 - iz}.$$

同理，我们将 $z=\cos\omega=\frac{1}{2}(e^{i\omega}+e^{-i\omega})$左右两边同时乘以 $2e^{i\omega}$，可得

$$2ze^{i\omega}=e^{2i\omega}+1,$$

即$(e^{i\omega})^2-2ze^{i\omega}+1=0$．因此 $e^{i\omega}=z+\sqrt{z^2-1}$．根据对数函数的定义，可得

$$i\omega=\ln(z+\sqrt{z^2-1}),$$

所以

$$\omega=\arccos z=-i\ln(z+\sqrt{z^2-1}).$$

反正弦恒等式也可通过相似的方式得到.

由于双曲函数具有周期性，这就决定了反双曲函数具有多值性．反双曲函数可被分别列写如下：

(1) 反双曲正弦函数：$\operatorname{arsinh} z=\ln(z+\sqrt{z^2+1})$；

(2) 反双曲余弦函数：$\operatorname{arcosh} z=\ln(z+\sqrt{z^2-1})$；

(3) 反双曲正切函数：$\operatorname{artanh} z=\frac{1}{2}\ln\frac{1+z}{1-z}$;

(4) 反双曲余切函数：$\operatorname{arcoth} z=\frac{1}{2}\ln\frac{z+1}{z-1}$.

这里以反双曲余弦函数为例，根据等式 $z=\cosh\omega$ 或者 $z=\frac{e^{\omega}+e^{-\omega}}{2}$，可得等价式

$$\omega=\ln(z+\sqrt{z^2-1}).$$

因此

$$\operatorname{arcosh} z=\ln(z+\sqrt{z^2-1}).$$

例 2.14　计算 $\arctan(2i)$.

解：根据计算公式，可得

$$\begin{aligned}\arctan(2i)&=-\frac{i}{2}\ln\left(-\frac{1}{3}\right)=-\frac{i}{2}\left(\ln\frac{1}{3}+\pi i+2k\pi i\right)\\&=\frac{\pi}{2}+i\frac{\ln 3}{2}+k\pi\\&=\left(\frac{1}{2}+k\right)\pi+i\frac{\ln 3}{2}\quad(k=0,\pm1,\pm2,\cdots).\end{aligned}$$

2.4.4 根式函数

定义 2.13

幂函数 $z=\omega^n$ 的反函数 $\omega=\sqrt[n]{z}$ 称为根式函数，其中 n 是大于 1 的整数.

当 $z=re^{i\theta}$时，根式函数可被表述为

$$\omega=\sqrt[n]{z}=\sqrt[n]{r}e^{i\frac{\theta+2k\pi}{n}}\quad(k=0,1,2,\cdots,n-1).\tag{2.12}$$

由于复变量 z 的幅角不唯一确定（相差 2π 的整数倍），当 k 取不同值时，ω 所对应的角度 $\frac{\theta+2k\pi}{n}$是不同的，因此根式函数 $\sqrt[n]{z}$ 具有多值性.

接下来，探讨如何分出 $\omega=\sqrt[n]{z}$ 的单值解析分支. 在 z 平面上从原点 O 到点 ∞ 任意引一条射线割破 z 平面，这样被割破的 z 平面就构成了一个以这个割线为边界的区域，记为 G. 在这个区域内任意指定一点 z_0，并指定 z_0 的一个幅角值，根据平面内幅角的依次连续变化，就可以唯一确定 G 内任意一点 z 的幅角值.

需要注意的是，割破复平面会使得自变量 z 的幅角改变量不超过 2π，但复变量 z 的幅角本身可以超过 2π. 根据式（2.12）可知，当 k 从 $0,1,2,\cdots,n-1$ 中选取时，会分别对应 n 个值 $\omega_0,\omega_1,\omega_2,\cdots,\omega_{n-1}$，而任意两个 ω_i,ω_j 之间的幅角是不同的，由此得到 n 个不同的**单值连续分支函数**. 当 k 取 $\{0,1,2,\cdots,n-1\}$ 中的某个固定值时，它就是 $\sqrt[n]{z}$ 的第 k 个分支函数.

根式函数的 n 个单值连续分支函数都是解析函数，并且

$$\frac{d}{dz}(\sqrt[n]{z})_k=\frac{1}{n}\frac{(\sqrt[n]{z})_k}{z}\quad(z\in G,k=0,1,2,\cdots,n-1).$$

以 $\omega_k=(\sqrt[n]{z})_k$ 这一单值连续分支函数为例，它的实部和虚部分别为

$$u(r,\theta)=\sqrt[n]{r}\cos\frac{\theta+2k\pi}{n},\ v(r,\theta)=\sqrt[n]{r}\sin\frac{\theta+2k\pi}{n},$$

在割破域 G 内都是变量 r,θ 的可微函数，并且它们的偏导数

$$u_r=\frac{1}{n}r^{\frac{1}{n}-1}\cos\frac{\theta+2k\pi}{n},\ u_\theta=-\frac{1}{n}r^{\frac{1}{n}}\sin\frac{\theta+2k\pi}{n},$$

$$v_r=\frac{1}{n}r^{\frac{1}{n}-1}\sin\frac{\theta+2k\pi}{n},\ v_\theta=\frac{1}{n}r^{\frac{1}{n}}\cos\frac{\theta+2k\pi}{n},$$

在割破域 G 内满足极坐标的柯西－黎曼方程，即

$$u_r = \frac{1}{r}v_\theta,\ v_r = -\frac{1}{r}u_\theta.$$

因此可知函数 $(\sqrt[n]{z})_k$ 在割破域 G 内解析，并且可得

$$\begin{aligned}\frac{\mathrm{d}}{\mathrm{d}z}(\sqrt[n]{z})_k &= \frac{r}{z}(u_r + \mathrm{i}v_r)\\ &= \frac{r}{z}\left(\frac{1}{n}r^{\frac{1}{n}-1}\cos\frac{\theta+2k\pi}{n} + \mathrm{i}\,\frac{1}{n}r^{\frac{1}{n}-1}\sin\frac{\theta+2k\pi}{n}\right)\\ &= \frac{1}{n}\,\frac{1}{z}r^{\frac{1}{n}}\left(\cos\frac{\theta+2k\pi}{n} + \mathrm{i}\sin\frac{\theta+2k\pi}{n}\right)\\ &= \frac{1}{n}\,\frac{(\sqrt[n]{z})_k}{z}\quad (k=0,1,2,\cdots,n-1).\end{aligned}$$

2.5　解析函数与控制领域的联系★

复数域中的解析函数在控制领域有十分广泛的应用，本节以传递函数和 H_2/H_∞ 控制为例，探讨解析函数与控制领域之间的关联.

2.5.1　解析函数与传递函数

定义 2.14

传递函数是指零初始条件下线性系统响应（即输出）量的拉普拉斯变换（或 z 变换）与激励（即输入）量的拉普拉斯变换之比，记作 $G(s)=\dfrac{Y(s)}{U(s)}$. 其中，$Y(s)$，$U(s)$ 分别为输出量和输入量的拉普拉斯变换.

传递函数是描述线性系统动态特性的基本数学工具之一，经典控制理论的主要研究方法（如频率响应法和根轨迹）都是建立在传递函数的基础之上. 传递函数是研究经典控制理论的主要工具之一.

以电子电路为例，如果把电路看作一个有输入端和输出端的黑匣子，那么传递函数就是输出量与输入量的比值. 这个比值包含相位信息，它通常是频率的函数. 在传递函数定义中，$s=\mathrm{i}\omega$，其中 ω 代表频率，i 包含相位信息. 假设已知电路如图 2－1 所示，电路中存在电阻、电容和电感，它们的阻抗分别是

$R,\dfrac{1}{\mathrm{i}\omega C},\mathrm{i}\omega L$，电路输出端为电容 C 上的分压. 因此，输出端与输入端的电压比值为

$$\frac{V_{\text{out}}}{V_{\text{in}}}=\frac{Z_C}{Z_R+Z_L+Z_C}=\frac{\dfrac{1}{\mathrm{i}\omega C}}{R+\mathrm{i}\omega L+\dfrac{1}{\mathrm{i}\omega C}}=\frac{1}{\mathrm{i}\omega RC+\mathrm{i}^2\omega^2LC+1}.$$

其中，令 $s=\mathrm{i}\omega$，则传递函数可被表述为

$$G(s)=\frac{V_{\text{out}}}{V_{\text{in}}}=\frac{1}{sRC+LCs^2+1}.$$

根据传递函数，我们就可以借助计算机得到电路的幅频曲线和相位曲线，从而分析电路稳定性.

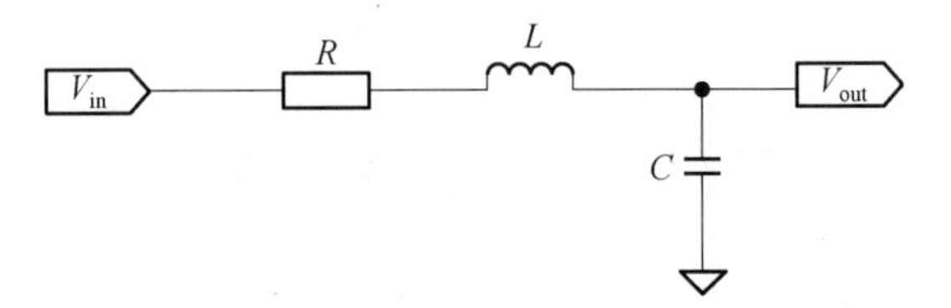

图 2－1　简单 LC 电路举例

由此可见，传递函数 $G(s)$ 是一种特殊的复函数，它的自变量 $s=\mathrm{i}\omega$ 在虚轴上取值. 若 $G(s)$ 在区域内处处可微，则 $G(s)$ 为解析函数.

2.5.2　解析函数与 H_2/H_∞ 控制

通过建立输入信号到输出信号（拉普拉斯变换）的映射关系，传递函数可以完整地描述控制系统输入－输出关系的全部信息. 因此，该映射的“大小”可以从输入－输出的角度评价系统的性能. 针对映射“大小”的不同度量指标，可以得到不同的评价标准与分析. 本节主要介绍鲁棒控制中以 H_2/H_∞ 范数为度量的控制方法，其研究的传递函数应属于如下空间.

定义 2.15

由全体在开的右半复平面($\mathrm{Re}\,s>0$)上解析且满足 H_2 范数有界的矩阵函数 $\boldsymbol{U}(s)$ 组成，其中 H_2 范数定义为

$$\|\boldsymbol{U}(s)\|_2^2=\sup_{\sigma>0}\left(\frac{1}{2\pi}\int_{-\infty}^{+\infty}\mathrm{tr}(U^*(\sigma+\mathrm{i}\omega)U(\sigma+\mathrm{i}\omega))\,\mathrm{d}\omega\right).$$

定义 2.16

由全体在开的右半复平面($\mathrm{Re}\,s>0$)上解析且满足 H_∞ 范数有界的矩阵函数 $\boldsymbol{U}(s)$ 组成，其中 H_∞ 范数定义为

$$\|\boldsymbol{G}\|_\infty=\operatorname*{ess\,sup}_{\alpha>0}\{\sup_{\omega}\bar{\sigma}(G(\alpha+\mathrm{i}\omega))\}.$$

其中，$\bar{\sigma}(\cdot)$是最大奇异值，α 是传递函数 $G(s)$ 输入的实部.

H_2/H_∞空间也称为哈代空间（Hardy Space），以纪念英国数学家哈代对相关问题的奠基性研究（因此使用字母 H 标记）. 控制领域中的 H_2/H_∞ 控制理论就是在 H_2/H_∞空间中设计控制器，以优化指定输入输出信号间传递函数的 H_2/H_∞范数指标.

1. H_2 控制

跟踪问题、鲁棒稳定问题、模型匹配问题等很多控制问题都可以转化为如图 2-2 所示的系统框图. 其中，受控对象 $G(s)$是一个线性时不变系统，其受到两组输入的影响，并产生两组输出：

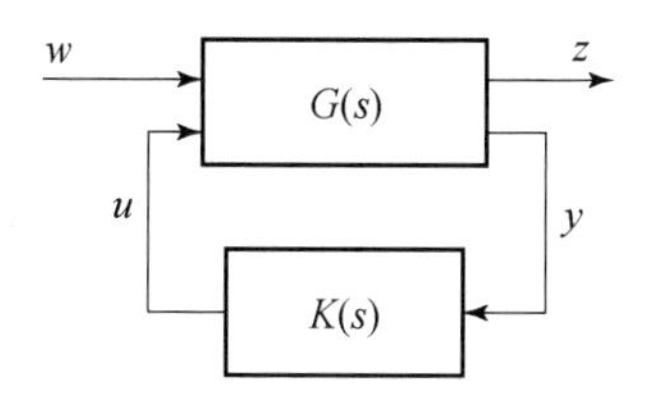

图 2-2　控制系统框图

（1）输入 w 为外部信号，表征系统中希望被抑制的扰动、不确定动态等信号；

（2）输入 u 为控制信号，作用于受控对象，用于改善系统性能；

（3）信号 y 为测量输出，通过作用于反馈控制器 $K(s)$产生控制输入；

（4）信号 z 为性能输出，设计者所关心的用于描述系统期望行为的信号.

H_2 最优控制方法的目的是通过设计反馈控制器 $K(s)$使得闭环系统稳定且保证从 w 到 z 的闭环传递函数 $\boldsymbol{G}_{zw}(s)$的 H_2 范数到达极小值 γ_0，即

$$\min_{K(s)}\|\boldsymbol{G}_{zw}(s)\|_2=\gamma_0.$$

上述针对频域传递函数的 H_2 最优控制问题可以被证明等价于求解如下时域二次型最优问题：

$$\min_{u=K(s)y} J = \lim_{t\to\infty} \frac{1}{T} \mathrm{E}\left[\int_0^T z^{\mathrm{T}}(t) z(t)\,\mathrm{d}t\right].$$

其中，E[·]表示数学期望，且在受控对象中假设扰动 w 是高斯白噪声. 在合适的假设下，控制科学家已证明该问题存在唯一解.

2. H_∞ 控制

H_∞ 最优控制同样考虑图 2－2 所示的系统框图，但其设计目的表述为通过设计反馈控制器 $K(s)$ 使得闭环系统稳定，且保证从 w 到 z 的闭环传递函数 $\boldsymbol{G}_{zw}(s)$ 的 H_∞ 范数到达极小值.

H_∞ 最优控制问题与 H_2 最优控制问题具有类似的表述方式，简单易懂. 由于目前尚未找到准确计算 H_∞ 范数的闭式解，因此在研究与应用中一般考虑如下的 H_∞ 次优控制问题：在保证系统闭环稳定性的前提下，要求闭环传递函数 $\boldsymbol{G}_{zw}(s)$ 的 H_∞ 范数小于给定的性能指标 γ，即

$$\|\boldsymbol{G}_{zw}(s)\|_\infty < \gamma.$$

即使考虑 H_∞ 次有控制问题，其求解过程依然十分复杂，常用的求解方法有频域法、多项式法、状态空间法. H_∞ 控制的特点可被总结如下：

(1) 为了解决系统不确定性，用特定闭环传递函数矩阵的 H_∞ 范数形式来表述控制系统设计中的性能指标.

(2) 将频域概念和状态空间法融合在一起，克服了经典控制理论和现代控制理论的不足.

(3) 鲁棒控制系统设计方法不仅能保证控制系统的鲁棒稳定性，而且能优化一些性能指标.

H_∞ 控制具有比较强的鲁棒性，特别能适应那些参数大范围变化、模型动态不定及非线性严重的对象，因此它在飞行控制系统中得到广泛的应用. H_∞ 控制还可应用于机器人、柔性摆的控制器设计等. 在实际应用中，需要根据不同情况对 H_∞ 控制方法进行改进和修正.

在 H_2 和 H_∞ 控制中，复变函数均起到了重要作用，包括：通过分析传递函数在复平面上的行为分析系统的频域特性；通过分析传递函数的极点在复平

面上的位置判断系统稳定性；通过最小化传递函数的 H_2 范数/H_∞ 范数对控制器进行设计；等等. 总的来说，复数和复变函数为动态系统的分析和控制器设计提供了有效的数学工具和解决方案.

2.6　本章习题

1. 用导数定义求下列函数的导数：

　(1) $f(z)=\dfrac{1}{z}$；

　(2) $f(z)=z\operatorname{Re}z$.

2*. 用复变函数的求导法则判别函数 $w=\dfrac{1}{z^2+1}$在哪些点可导，并求其导数.

3*. 试证明复变函数 $w=z+\operatorname{Re}z$ 处处不可导.

4*. 判别函数 $f(z)=2\sin x+\mathrm{i}y^2$ 在哪些点可导，在哪些点解析，并且求其在可导点处的导数.

5. 下列函数在复平面上何处可导？何处解析？

　(1) $\dfrac{1}{\bar{z}}$；

　(2) $(x^2-y^2-x)+\mathrm{i}(2xy-y^2)$.

6*. 求函数 $f(z)=z^2+\dfrac{1}{z+1}$的导数，并指出其解析区域.

7. 证明下述函数在复平面上不解析：

　(1) $\bar{z}^2$；

　(2) $\mathrm{e}^{\bar{z}}$；

　(3) $\sin\bar{z}$.

8. 设两个实变量的函数 $u(x,y)$ 有偏导数，这一函数可写成 $z=x+\mathrm{i}y$ 及 $\bar{z}$ 的函数

$$u(x,y)=u\left(\frac{z+\bar{z}}{2},\frac{z-\bar{z}}{2\mathrm{i}}\right).$$

　再把 z，$\bar{z}$ 看作互相独立的，证明：

（1）

$$\frac{\partial u}{\partial z}=\frac{1}{2}\left(\frac{\partial u}{\partial x}-\mathrm{i}\,\frac{\partial u}{\partial y}\right),\quad \frac{\partial u}{\partial \bar{z}}=\frac{1}{2}\left(\frac{\partial u}{\partial x}+\mathrm{i}\,\frac{\partial u}{\partial y}\right).$$

（2）设 $f(z)=u+\mathrm{i}v$, u, v 都有偏导数，求证对于 $f(z)$，C－R 方程可以写为

$$\frac{\partial f}{\partial \bar{z}}=\frac{\partial u}{\partial \bar{z}}+\mathrm{i}\,\frac{\partial v}{\partial \bar{z}}=0.$$

9*. 计算下列函数值，并将它们写成 $w=u+\mathrm{i}v$ 的形式.

（1）3^{i}；

（2）$(1+\mathrm{i})^{\mathrm{i}}$；

（3）$\cos(2\mathrm{i})$.

10. 计算下列函数值：

（1）$\cos(1+\mathrm{i})$；

（2）$\tan(3-\mathrm{i})$；

（3）$(-3)^{\sqrt{5}}$；

（4）$\arctan(2+3\mathrm{i})$.

11*. 解下列方程：

（1）$\ln z=\frac{\pi}{2}\mathrm{i}$；

（2）$\mathrm{e}^{z}=1+\sqrt{3}\mathrm{i}$.

12. 已知 $v(x,y)=-3xy^{2}+x^{3}$，求以 v 为虚部的解析函数 $f(z)=u+\mathrm{i}v$.

13. 解下列方程：

（1）$\sinh z=\mathrm{i}$；

（2）$|\tanh z|=1$.

2.7 习题解答

1. （1）

$$f'(z)=\left(\frac{1}{z}\right)'=-\frac{1}{z^{2}}(z\neq 0).$$

（2）当 $z \neq 0$ 时，导数不存在；当 $z=0$ 时，导数为 0.

2. w 除了 $z=\pm \mathrm{i}$ 外皆可导，导数为 $-\frac{2z}{(z^2+1)^2}$.

3. 略.

4. 函数 $f(z)$ 仅在 $y=\cos x$ 上可导，导数为 $f(z)=u'_x+v'_x\mathrm{i}=2\cos x$. 因为 $y=\cos x$ 为曲线，其任一点邻域中一定有不可导点存在，故处处不解析.

5.（1）函数 $\frac{1}{\bar{z}}$ 处处不可导，从而处处不解析.

（2）$u(x,y)$，$v(x,y)$ 处处可微，$w=(x^2-y^2-x)+\mathrm{i}(2xy-y^2)$ 仅在直线 $y=1/2$ 上可导，而在复平面上处处不解析.

6. 解析区域为 $z\neq -1$.

7. 略.

8. 略.

9.（1）令 k 为整数，则

$$3^{\mathrm{i}}=\mathrm{e}^{\ln 3^{\mathrm{i}}}=\mathrm{e}^{\mathrm{i}(\ln 3+2k\pi \mathrm{i})}=\mathrm{e}^{-2k\pi+\mathrm{i}\ln 3}=\mathrm{e}^{-2k\pi}(\cos\ln 3+\mathrm{i}\sin\ln 3).$$

（2）令 k 为整数，则

$$(1+\mathrm{i})^{\mathrm{i}}=\mathrm{e}^{\ln(1+\mathrm{i})^{\mathrm{i}}}=\mathrm{e}^{\mathrm{i}(\ln\sqrt{2}+\frac{\pi}{4}\mathrm{i}+2k\pi \mathrm{i})}=\mathrm{e}^{-2k\pi-\frac{\pi}{4}+\mathrm{i}\ln\sqrt{2}}=\mathrm{e}^{-2k\pi-\frac{\pi}{4}}(\cos\ln\sqrt{2}+\mathrm{i}\sin\ln\sqrt{2}).$$

（3）

$$\cos(2\mathrm{i})=\frac{\mathrm{e}^{\mathrm{i}\cdot 2\mathrm{i}}+\mathrm{e}^{-\mathrm{i}\cdot 2\mathrm{i}}}{2}=\frac{\mathrm{e}^{-2}+\mathrm{e}^{2}}{2}=\cosh 2.$$

10.（1）

$$\cos(1+\mathrm{i})=\frac{\mathrm{e}^{\mathrm{i}(1+\mathrm{i})}+\mathrm{e}^{-\mathrm{i}(1+\mathrm{i})}}{2}=\frac{1}{2}(\mathrm{e}^{-1+\mathrm{i}}+\mathrm{e}^{1-\mathrm{i}})$$

$$=\cosh 1\cos 1-\mathrm{i}\sinh 1\sin 1.$$

（2）

$$\tan(3-\mathrm{i})=\frac{\sin(3-\mathrm{i})}{\cos(3-\mathrm{i})}=\frac{\sin 3\cos \mathrm{i}-\cos 3\sin \mathrm{i}}{\cos 3\cos \mathrm{i}+\sin 3\sin \mathrm{i}}$$

$$=\frac{\sin 6-\sin 2\mathrm{i}}{2(\cosh^2 1-\sin^2 3)}.$$

(3) $(-3)^{\sqrt{5}}=e^{\sqrt{5}\mathrm{Ln}(-3)}=e^{\sqrt{5}(\ln|-3|+i[\arg(-3)+2k\pi])}$

$$=3^{\sqrt{5}}[\cos\sqrt{5}(2k+1)\pi+i\sin\sqrt{5}(2k+1)\pi]\quad(k=0,\pm1,\pm2,\cdots).$$

(4) $\arctan(2+3i)=\dfrac{i}{2}\ln\dfrac{i+(2+3i)}{i-(2+3i)}=\dfrac{i}{2}\ln\dfrac{-3-i}{2}$

$$=\frac{i}{2}\ln\sqrt{\frac{5}{2}}-\frac{1}{2}\arctan\frac{1}{3}+\left(\frac{1}{2}-k\right)\pi\quad(k=0,\pm1,\pm2,\cdots).$$

11. (1) 即 $z=i$.

(2) $z=\ln 2+i\dfrac{\pi}{3}+i\cdot 2k\pi=\ln 2+i\left(\dfrac{\pi}{3}+2k\pi\right)$,其中 k 为整数.

12. $f(z)=u+iv=y^3-3x^2y+C+i(-3xy^2+x^3)=iz^3+C$.

13. (1) $z=\left(\dfrac{\pi}{2}+2k\pi\right)i\quad(k=0,\pm1,\pm2,\cdots)$.

(2) 方程 $|\tanh z|=1$ 的解为满足 $\mathrm{Im}\,z=\dfrac{\pi}{4}+\dfrac{k\pi}{2}$ $(k=0,\pm1,\pm2,\cdots)$的所有复数 z.

第3章

复变函数的积分

类似数学分析中对实变函数的探讨，本章从积分的角度研究复变函数的性质. 复变函数积分是在复数域上的积分，主要用于研究第2章中介绍的解析函数的重要性质. 特别地，解析函数在复平面上处处可导，并且导函数连续，使该类函数的积分计算具有独特特点. 复变函数积分是研究解析函数性质的重要工具. 例如，分析导函数连续性和解析函数各阶导数存在性等问题，通常需要将复积分作为工具.

在整个复变函数论中，柯西积分定理、柯西积分公式、高阶导数公式是非常重要的基本定理和研究工具. 这些结果与后续章节的内容直接或间接相关，如泰勒展开、洛朗展开、留数定理，是复变函数论的基础. 特别地，柯西积分定理说明了在简单闭曲线上的解析函数积分只与曲线所围成的区域有关，与积分路径无关. 柯西积分公式和高阶导数公式则给出了解析函数在开区域内的积分与函数在区域中特定点的取值之间的关系. 这些关系对理解后续章节内容十分关键，应重点掌握. 在本章最后，将通过控制系统积分性能指标的解析求取来说明本章知识在控制系统性能分析中的重要作用.

3.1　复积分的基本概念

3.1.1　复变函数积分的定义

复变函数的积分定义的简洁性不妨碍其实际应用. 当提到曲线时（除非特

别声明)，一般指的是光滑的（或逐段光滑的）曲线，因此可以计算其长度. 曲线通常还需要规定其方向，在开口弧的情况下，只需要指定其起点和终点.

逐段光滑的简单闭曲线称为周线，而周线的长度也可以计算. 对于周线，逆时针方向被认为是正方向，顺时针方向被认为是负方向. 这样的约定使得对于周线的积分有明确的正负号概念.

定义 3.1

设已规定方向的弧线 C:

$$z=z(t)\quad(\alpha\leqslant t\leqslant\beta)$$

以 $a=z(\alpha)$ 为出发点，$b=z(\beta)$ 为终止点，$f(z)$ 沿 C 有意义. 顺着 C 从 a 到 b 的方向在 C 上取断点:

$$a=z_0,z_1,\cdots,z_{n-1},z_n=b$$

把曲线 C 分成若干个分离线段. 在从 z_{k-1} 到 $z_k(k=1,2,\cdots,n)$ 的每一段上任取一点. 求和为

$$S_n=\sum_{k=1}^{n}f(\zeta_k)\Delta z_k,$$

当断点无限增多，而这些离散线段长度中的最大值无限趋近于零时，如果 S_n 的极限存在且等于 J，则称 $f(z)$ 沿 C（从 a 到 b）可积，而称 J 为 $f(z)$ 沿 C（从 a 到 b）的积分，并以记号 $\oint_C f(z)\mathrm{d}z$ 表示:

$$J=\oint_C f(z)\mathrm{d}z,$$

其中，C 称为积分路径. 本书中若无特殊说明，则 $\oint_C f(z)\mathrm{d}z$ 表示 $f(z)$ 沿 C 的正方向的积分，$\oint_{C^-}f(z)\mathrm{d}z$ 表示 $f(z)$ 沿 C 的负方向的积分.

如果 J 存在，一般不能把 J 写成 $\oint_a^b f(z)\mathrm{d}z$ 的形式，因为 J 的值不仅与 a,b 有关，还与积分路径 C 有关.

显然，$f(z)$ 沿曲线 C 可积的必要条件为 $f(z)$ 沿 C 有界. 另一方面，有如下定理:

定理 3.1

若函数 $f(z)=u(x,y)+\mathrm{i}v(x,y)$ 沿曲线 C 连续，则 $f(z)$ 沿 C 可积，且

$$\oint_C f(z)\,\mathrm{d}z=\oint_C(u\mathrm{d}x-v\mathrm{d}y)+\mathrm{i}\oint_C(v\mathrm{d}x+u\mathrm{d}y). \tag{3.1}$$

证明： 设 $z_k=x_k+\mathrm{i}y_k$，$x_k-x_{k-1}=\Delta x_k$，$y_k-y_{k-1}=\Delta y_k$，

$$\zeta_k=\xi_k+\mathrm{i}\eta_k,\ u(\xi_k,\eta_k)=u_k,\ v(\xi_k,\eta_k)=v_k,$$

可得

$$\begin{aligned}S_n&=\sum_{k=1}^{n}f(\zeta_k)(z_k-z_{k-1})\\&=\sum_{k=1}^{n}(u_k+\mathrm{i}v_k)(\Delta x_k+\mathrm{i}\Delta y_k)\\&=\sum_{k=1}^{n}(u_k\Delta x_k-v_k\Delta y_k)+\mathrm{i}\sum_{k=1}^{n}(u_k\Delta y_k+v_k\Delta x_k),\end{aligned}$$

上式右端对应的两个曲线积分的求和. 在定理的条件下，必有 $u(x,y)$ 及 $v(x,y)$ 沿 C 连续，并且这两个曲线积分都是有意义并且存在的. 因此，积分 $\oint_C f(z)\mathrm{d}z$ 存在，且有式 (3.1).

由式 (3.1) 可知，复变函数积分的计算问题可以化为其实数域和虚数域两个函数空间函数曲线的积分计算.

注 3.1 式 (3.1) 可以在形式上看成函数 $f(z)=u+\mathrm{i}v$ 与微分 $\mathrm{d}z=\mathrm{d}x+\mathrm{i}\mathrm{d}y$ 相乘后所得到的.

例 3.1 令 C 表示连接点 a 及 b 的任一曲线，试证：

(1) $\oint_C \mathrm{d}z=b-a$；(2) $\oint_C z\mathrm{d}z=\frac{1}{2}(b^2-a^2)$.

证明：(1) 因 $f(z)=1$，$S_n=\sum_{k=1}^{n}(z_k-z_{k-1})=b-a$，故

$$\lim_{\substack{n\to\infty\\ \max|\Delta z_k|\to 0}}S_n=b-a,\text{即}\oint_C\mathrm{d}z=b-a.$$

(2) 因 $f(z)=z$，选 $\zeta_k=z_{k-1}$，则得

$$\Sigma_1=\sum_{k=1}^{n}z_{k-1}(z_k-z_{k-1}),$$

但又可选$\zeta_k = z_k$，则得

$$\Sigma_2 = \sum_{k=1}^{n} z_k(z_k - z_{k-1}),$$

由定理 3.1 可知积分$\oint_C z\mathrm{d}z$存在，因而S_n的极限存在，且应与Σ_1及Σ_2的极限相等，从而应与$\frac{1}{2}(\Sigma_1 + \Sigma_2)$的极限相等．令

$$\frac{1}{2}(\Sigma_1 + \Sigma_2) = \frac{1}{2}\sum_{k=1}^{n}(z_k^2 - z_{k-1}^2) = \frac{1}{2}(b^2 - a^2),$$

所以

$$\oint_C z\mathrm{d}z = \frac{1}{2}(b^2 - a^2).$$

■

注 3.2 若积分区域为闭合曲线C，则有$\oint_C \mathrm{d}z = 0$，$\oint_C z\mathrm{d}z = 0$.

3.1.2 复变函数积分的计算问题

假设光滑的曲线C：

$$z = z(t) \quad (\alpha \leqslant t \leqslant \beta),$$

可知$z'(t)$在$[\alpha,\beta]$上连续且有不为零的导数$z'(t) = x'(t) + \mathrm{i}y'(t)$. 又设$f(z)$沿$C$连续．令

$$\begin{aligned} f[z(t)] &= u[x(t),y(t)] + \mathrm{i}v[x(t),y(t)] \\ &= u(t) + \mathrm{i}v(t), \end{aligned}$$

由式（3.1）有

$$\begin{aligned} \oint_C f(z)\mathrm{d}z &= \oint_C (u\mathrm{d}x - v\mathrm{d}y) + \mathrm{i}\oint_C (v\mathrm{d}x + u\mathrm{d}y) \\ &= \int_\alpha^\beta [u(t)x'(t) - v(t)y'(t)]\mathrm{d}t + \mathrm{i}\int_\alpha^\beta [u(t)y'(t) + v(t)x'(t)]\mathrm{d}t \end{aligned}$$

$$\oint_C f(z)\mathrm{d}z = \int_\alpha^\beta f[z(t)]z'(t)\mathrm{d}t, \tag{3.2}$$

$$\oint_C f(z)\mathrm{d}z = \int_\alpha^\beta \mathrm{Re}f[z(t)]z'(t)\mathrm{d}t + \mathrm{i}\int_\alpha^\beta \mathrm{Im}f[z(t)]z'(t)\mathrm{d}t. \tag{3.3}$$

参数方程法是计算复变函数积分的一种常用方法．它通过考虑积分路径C的参数方程来进行计算，即将C表示为参数t的函数形式．式（3.2）或式（3.3）

是复积分的变量代换公式，用于在参数方程法中进行变量代换.

具体而言，对于参数方程法，将积分路径 C 表示为参数 t 的函数形式，即 $C(t)$. 然后，将复积分转化为关于参数 t 的标量函数的实积分. 这样，可以利用实积分的计算技巧来计算复积分. 式（3.2）或式（3.3）是指在进行变量代换时所使用的公式. 通过适当的变量代换，可以将复积分的变量替换为新的变量，使计算更加简洁. 这种变量代换有助于简化积分表达式并减少计算的复杂性.

例 3.2　证明下面等式：

$$\oint_C \frac{\mathrm{d}z}{(z-a)^n} = \begin{cases} 2\pi\mathrm{i}, & n=1, \\ 0, & n \neq 1, \text{且为整数}, \end{cases}$$

闭曲线 C 表示以 a 为圆心、ρ 为半径的圆.

注 3.3　积分值与 a,ρ 都无关，a 可为 0.

证明：将 C 参数化为 $z-a=\rho\mathrm{e}^{\mathrm{i}\theta}$，$0\leqslant\theta\leqslant2\pi$. 故

$$\oint_C \frac{\mathrm{d}z}{(z-a)} \overset{\text{式}(3.2)}{=} \int_0^{2\pi} \frac{\mathrm{i}\rho\mathrm{e}^{\mathrm{i}\theta}\mathrm{d}\theta}{\rho\mathrm{e}^{\mathrm{i}\theta}} = \mathrm{i}\int_0^{2\pi}\mathrm{d}\theta = 2\pi\mathrm{i};$$

当 n 为整数且 $n\neq1$ 时，

$$\begin{aligned}\oint_C \frac{\mathrm{d}z}{(z-a)^n} &\overset{\text{式}(3.2)}{=} \int_0^{2\pi} \frac{\mathrm{i}\rho\mathrm{e}^{\mathrm{i}\theta}\mathrm{d}\theta}{\rho^n\mathrm{e}^{\mathrm{i}n\theta}} = \frac{\mathrm{i}}{\rho^{n-1}}\int_0^{2\pi}\mathrm{e}^{-\mathrm{i}(n-1)\theta}\mathrm{d}\theta \\ &= \frac{\mathrm{i}}{\rho^{n-1}}\left[\int_0^{2\pi}\cos(n-1)\theta\mathrm{d}\theta - \mathrm{i}\int_0^{2\pi}\sin(n-1)\theta\mathrm{d}\theta\right] \\ &= 0. \end{aligned} \tag{3.4}$$

■

3.1.3　复变函数积分的基本性质

如果函数 $f(z)$，$g(z)$ 沿曲线 C 连续，则复积分的实部和虚部都是曲线积分，因此，曲线积分的一些基本性质对复积分也成立.

$$\oint_C kf(z)\mathrm{d}z = k\oint_C f(z)\mathrm{d}z\text{，}k\text{ 为复常数；} \tag{3.5a}$$

$$\oint_C f(z)\mathrm{d}z = -\int_{C^-} f(z)\mathrm{d}z; \tag{3.5b}$$

$$\oint_C [f(z) \pm g(z)]\mathrm{d}z = \oint_C f(z)\mathrm{d}z \pm \oint_C g(z)\mathrm{d}z; \tag{3.5c}$$

$$\oint_C f(z)\,dz = \int_{C_1} f(z)\,dz + \int_{C_2} f(z)\,dz,\ C = C_1 + C_2; \tag{3.5d}$$

$$\left|\oint_C f(z)\,dz\right| \leqslant \oint_C |f(z)||dz| = \oint_C |f(z)|\,ds. \tag{3.5e}$$

其中，$|ds|$ 为弧长的微分，可得

$$|ds| = \sqrt{(dx)^2 + (dy)^2} = ds$$

欲求得到式（3.5e），故求取如下不等式：

$$\left|\sum_{k=1}^{n} f(\zeta_k)\Delta z_k\right| \leqslant \sum_{k=1}^{n} |f(\zeta_k)||\Delta z_k| \leqslant \sum_{k=1}^{n} |f(\zeta_k)|\Delta s_k.$$

定理 3.2

如果在 C 上满足 $|f(z)| \leqslant M$，并且 C 的线段长度为 L，则式（3.5e）可以作为积分估计，即

$$\left|\oint_C f(z)\,dz\right| \leqslant ML.$$

例 3.3 设 C 为复平面原点到点（3,4）的直线，求积分 $\left|\oint_C \frac{1}{z-i}dz\right|$ 的上极限.

解：C 的表达式为 $z=3+4i$，$0\leqslant t\leqslant 1$. 由定理 3.2 可知

$$\left|\oint_C \frac{1}{z-i}dz\right| \leqslant \oint_C \left|\frac{1}{z-i}\right| ds.$$

当 $0\leqslant t \leqslant 1$ 时，满足

$$\left|\frac{1}{z-i}\right| = \frac{1}{|3t + (4t-1)i|} = \frac{1}{\sqrt{25\left(t-\frac{4}{25}\right)^2 + \frac{9}{25}}} \leqslant \frac{5}{3},$$

因此

$$\left|\oint_C \frac{1}{z-i}dz\right| \leqslant \frac{5}{3}\oint_C ds,$$

并且 C 的弧长为 5，因此

$$\left|\oint_C \frac{1}{z-i}dz\right| \leqslant \frac{25}{3}.$$

例 3.4 计算下面积分：

$$\oint_C \mathrm{Re}\, z\mathrm{d}z,$$

其中积分路径 C 为以下两种线段：

（1）连接由点 O 到点 $1+\mathrm{i}$ 的确定线段；

（2）连接由点 O 到点 1 的直线段，以及连接由点 1 到点 $1+\mathrm{i}$ 的直线分割所组成的离散线段.

解：（1）连接点 O 及点 $1+\mathrm{i}$ 的离散线段方程可以用参数方程表示为

$$z=(1+\mathrm{i})t \quad (0\leqslant t\leqslant 1),$$

故

$$\oint_C \mathrm{Re}\, z\mathrm{d}z=\int_0^1 \{\mathrm{Re}[(1+\mathrm{i})t]\}(1+\mathrm{i})\mathrm{d}t=(1+\mathrm{i})\int_0^1 t\mathrm{d}t=\frac{1+\mathrm{i}}{2}.$$

（2）连接点 O 与点 1 的离散线段方程为

$$z=t \quad (0\leqslant t\leqslant 1),$$

连接点 1 与点 $1+\mathrm{i}$ 的离散线段方程为

$$z=(1-t)+(1+\mathrm{i})t \quad (0\leqslant t\leqslant 1),$$

即

$$z=1+\mathrm{i}t \quad (0\leqslant t\leqslant 1),$$

故

$$\oint_C \mathrm{Re}\, z\mathrm{d}z=\int_0^1 \mathrm{Re}\, t\mathrm{d}t+\int_0^1 [\mathrm{Re}(1+\mathrm{i}t)]\mathrm{i}\mathrm{d}t=\int_0^1 t\mathrm{d}t+\mathrm{i}\int_0^1 \mathrm{d}t=\frac{1}{2}+\mathrm{i}.$$

由例 3.4 可以看出，若被积函数一致但积分的路径不同，积分值也会不同.

3.2　柯西积分定理

从例 3.2 中可以看出，当 $n\neq 1$ 时，$\oint_C \frac{\mathrm{d}z}{(z-a)^n}$ 恒为 0，因此说明积分值与路径无关. 而当 $n=1$ 时，$z=a$ 为奇点，此时 $\oint_C \frac{\mathrm{d}z}{(z-a)^n}=2\pi\mathrm{i}$，这时积分值与路径无关.

因此，复数域的积分问题是否与路径无关的条件与被积函数的可微性及解析区域的连通性相关，由此引入了柯西积分定理.

定理 3.3（柯西积分定理）

设函数$f(z)$在单连通域D内解析，则$f(z)$在D内任意一条闭曲线上C的积分

$$\int_C f(z)\,\mathrm{d}z = 0.$$

证明：如果$f(z)$在单连通域D内解析并且假设$f'(z)$在其上连续时，该定理可由格林公式推出．设$f(z)=u+\mathrm{i}v$，由

$$\int_C f(z)\,\mathrm{d}z = \int_C (u\mathrm{d}x - v\mathrm{d}y) + \mathrm{i}\int_C (u\mathrm{d}y + v\mathrm{d}x),$$

由格林公式

$$\int_C P\mathrm{d}x + Q\mathrm{d}y = \iint_M \left(-\frac{\partial P}{\partial y} + \frac{\partial Q}{\partial x}\right)\mathrm{d}x\mathrm{d}y,$$

可以得出

$$\int_C f(z)\,\mathrm{d}z = \iint_M \left(-\frac{\partial u}{\partial y} - \frac{\partial v}{\partial x}\right)\mathrm{d}x\mathrm{d}y + \mathrm{i}\iint_M \left(\frac{\partial u}{\partial x} - \frac{\partial v}{\partial y}\right)\mathrm{d}x\mathrm{d}y.$$

但$f(z)$在D上解析，因此可得

$$\frac{\partial u}{\partial x}=\frac{\partial v}{\partial y},\quad \frac{\partial u}{\partial y} = -\frac{\partial v}{\partial x}.$$

代入上式，柯西积分定理得证． ■

上面的证明过程需要满足前提函数$f'(z)$在D上连续，因此需要对不满足假设条件的情况进行证明．下面给出完整证明．

引理 3.1

设D是C中一个三角形区域，$f(z)$是在$\bar{D}$邻域上解析的函数，则

$$\int_{\partial D} f(z)\,\mathrm{d}z = 0.$$

证明：使用反证法证明该引理，假设

$$\int_{\partial D} f(z)\,\mathrm{d}z = M \neq 0.$$

令$D=D_1$．连接∂D每边的中点，可以把D分为四个三角形$(\Delta_1,\Delta_2,\Delta_3,\Delta_4)$，其

中新增的边是两个三角形的公共边界并且走向相反，因此可得

$$\int_{\partial D} f(z)\,\mathrm{d}z = \sum_{i=1}^{4}\int_{\partial \Delta_i} f(z)\,\mathrm{d}z,$$

同时可得

$$|M| = \left|\int_{\partial D} f(z)\,\mathrm{d}z\right| \leqslant \sum_{i=1}^{4}\left|\int_{\partial \Delta_i} f(z)\,\mathrm{d}z\right|.$$

因此一定存在 Δ_i，满足

$$\left|\int_{\partial \Delta_i} f(z)\,\mathrm{d}z\right| \geqslant \frac{|M|}{4}.$$

设满足条件的三角形为 D_2. 可得一列闭三角形 $\{D_k\}_{k=1,2,\cdots}$，满足 $D_k \subset D_{k-1}$，$\operatorname{diam} D_k = \frac{1}{2}\operatorname{diam} D_{k-1}$，其中 $\operatorname{diam} D_k$ 是指通过第 k 个三角形中心的两个顶点之间的最长距离. 而

$$\int_{\partial \Delta_k} f(z)\,\mathrm{d}z \geqslant \frac{|M|}{4^{k-1}}.$$

根据区间套定理可知，存在唯一的点 z_0，满足

$$z_0 = \bigcap_{k=1}^{+\infty} D_k.$$

$f(z)$ 在 z_0 可导，可得在 z_0 的领域上

$$f(z) = f(z_0) + f'(z_0)(z - z_0) + \rho(z, z_0)(z - z_0),$$

其中，$\lim\limits_{z \to z_0}\rho(z, z_0) = 0$. 但对于 $D_k, k = 1, 2, \cdots$, 由

$$\int_{\partial \Delta_k} f'(z_0)\,\mathrm{d}z = 0,\ \int_{\partial \Delta_k} (z - z_0)\,\mathrm{d}z = 0$$

得

$$\begin{aligned}\left|\int_{\partial \Delta_k} f(z)\,\mathrm{d}z\right| &= \left|\int_{\partial \Delta_k} \rho(z, z_0)(z - z_0)\,\mathrm{d}z\right| \\ &\leqslant \max_{x \in \partial D_k}|\rho(z, z_0)(z - z_0)\,\mathrm{d}z| \cdot \operatorname{diam} D_k \cdot l(D_k),\end{aligned}$$

设 $l(D_k)$ 表示 D_k 的弧长. 由 D_k 的定义可得

$$\operatorname{diam} D_k = \frac{\operatorname{diam} D_1}{2^{k-1}},\ l(D_k) = \frac{l(D_1)}{2^{k-1}}.$$

并且已知 $\left|\int_{\partial \Delta_k} f(z)\,\mathrm{d}z\right| \geqslant \frac{|M|}{4^{k-1}}$, 所以

$$0 < \frac{|M|}{4^{k-1}} \leqslant \max_{x \in \partial D_k} |\rho(z,z_0)| \cdot \frac{\operatorname{diam} D_1}{2^{k-1}} \cdot \frac{l(D_1)}{2^{k-1}}.$$

由于$\max\limits_{x \in \partial D_k} |\rho(z,z_0)(z-z_0)\mathrm{d}z| \to 0(k \to +\infty)$，可得上式不满足假设. 根据此矛盾，可证明该引理. ■

假设 N 为复平面中有限的光滑曲线围成的有界区域. 设在 N 内添加有限光滑曲线后可以将 N 分割成有限的凸单连通区域 $N_1, N_2, \cdots, N_n$，可得添加的曲线同时是两个区域的公共边界并且方向相反. 满足下式:

$$\int_{\partial N} f(z)\,\mathrm{d}z = \sum_{i=1}^{n} \int_{\partial N_i} f(z)\,\mathrm{d}z.$$

因此，只需对凸单连通区域证明柯西积分定理.

假设 N 是$\mathbb{C}$中由光滑曲线围成的凸有界单连通区域，$f(z)$在 N 内解析，在 $\bar{N}$ 上连续. 因此$f(z)$在 $\bar{N}$ 上一致连续，可得对任意 $\epsilon > 0$，存在以有限光滑段围成的多边形 D，使得 $\bar{D} \subset N$，并且

$$\left| \int_{\partial N} f(z)\,\mathrm{d}z - \int_{\partial D} f(z)\,\mathrm{d}z \right| < \epsilon.$$

因为 D 是以有限条直线段为边界的多边形，所以在 D 中适当添加有限条直线段可将 D 分为有限的三角形区域 $\Delta_1, \Delta_2, \cdots, \Delta_m$，而新增边同时是两个三角形的公共边界并且方向相反. 可得

$$\int_{\partial D} f(z)\,\mathrm{d}z = \sum_{i=1}^{m} \int_{\partial \Delta_i} f(z)\,\mathrm{d}z.$$

并且根据引理可知 $\int_{\partial \Delta_i} f(z)\,\mathrm{d}z = 0$，从而 $\int_{\partial D} f(z)\,\mathrm{d}z = 0$.

$$\left| \int_{\partial N} f(z)\,\mathrm{d}z \right| < \epsilon.$$

其中，ϵ 是任意的，所以必须满足 $\int_{\partial N} f(z)\,\mathrm{d}z = 0$. 由此，柯西积分定理得证.

定理 3.4（复合闭路定理）

设 C 为多连通域 D 内的一条简单闭曲线，$C_1, C_2, \cdots, C_n$ 是在 C 内部的简单闭曲线，它们互不包含也互不相交，并且以 $C, C_1, C_2, \cdots, C_n$ 为边界的区域全含于 D. 如果 $f(z)$ 在 D 内解析，则有

$$\oint_C f(z)\,\mathrm{d}z = \sum_{k=1}^{n}\oint_{C_k} f(z)\,\mathrm{d}z,$$

其中，C 及 C_k 均取正方向；进一步地，有

$$\oint_\Gamma f(z)\,\mathrm{d}z = 0.$$

其中，Γ 为由 C 及 C_k^- $(k=1,2,\cdots,n)$ 所组成的复合闭路（其方向是：C 按逆时针进行，C_k^- 按顺时针进行）.

3.3　柯西积分公式

根据 3.2 节介绍的柯西积分定理（定理 3.3），可以对重要的柯西积分公式进行推导.

定理 3.5

设 Ω 是由有限条光滑曲线围成的有界区域，$f(z)$ 在 Ω 内解析，在 $\bar{\Omega}$ 上连续，则 $\forall z\in\Omega$,

$$f(z) = \frac{1}{2\pi\mathrm{i}}\int_{\partial\Omega}\frac{f(w)}{w-z}\mathrm{d}w.$$

证明： $\forall z\in\Omega$，其中 $\epsilon>0$ 并且充分小，满足 $\overline{D(z,\epsilon)}\subset\Omega$，其中 $D(z,\epsilon)$ 表示以点 z 为圆心、ϵ 为半径的圆. 设

$$D = \Omega - \overline{D(z,\epsilon)}.$$

z 不变，w 作为 D 的变量，根据柯西定理可得

$$\frac{1}{2\pi\mathrm{i}}\int_{\partial D}\frac{f(w)}{w-z}\mathrm{d}w = 0,$$

而 $\partial D=\partial\Omega\cup\{-\partial D(z,\epsilon)\}$，所以

$$\frac{1}{2\pi\mathrm{i}}\int_{\partial\Omega}\frac{f(w)}{w-z}\mathrm{d}w = \frac{1}{2\pi\mathrm{i}}\int_{|w-z|=\epsilon}\frac{f(w)}{w-z}\mathrm{d}w.$$

其中，$f(w)$ 在 z 点可导. 因此，

$$f(w) = f(z) + f'(z)(w-z) + \rho(w,z)(w-z).$$

由于函数$\rho(w,z)$满足$\lim\limits_{w\to z}\rho(w,z)=0$，将上式两边同乘$\frac{1}{w-z}$后进行积分，可得

$$\int_{|w-z|=\epsilon}\frac{f(w)}{w-z}\mathrm{d}w=\int_{|w-z|=\epsilon}\frac{f(z)}{w-z}\mathrm{d}w+\int_{|w-z|=\epsilon}f'(z)\mathrm{d}w+\int_{|w-z|=\epsilon}\rho(w,z)\mathrm{d}w.$$

其中，

$$\int_{|w-z|=\epsilon}\frac{f(z)}{w-z}\mathrm{d}w=2\pi\mathrm{i}f(z),$$

$$\int_{|w-z|=\epsilon}f'(z)\mathrm{d}w=0,$$

并且当$\epsilon\to 0$时，

$$\int_{|w-z|=\epsilon}\rho(w,z)\mathrm{d}w\to 0.$$

但是$\int_{|w-z|=\epsilon}\rho(w,z)\mathrm{d}w$的值不依赖于$\epsilon$且为常数，因此其值一定为零，从而有

$$\int_{|w-z|=\epsilon}\frac{f(w)}{w-z}\mathrm{d}w=2\pi\mathrm{i}f(z).$$

柯西积分公式得证. ■

因此，当一个函数在一个简单闭曲线C的内部是解析的（即在C内的每个点都有导数），并且在C上连续时，函数在C内部的值可以完全由C上的值所确定. 这意味着，如果两个函数在C上相等，它们在C内部的值也必然相等. 这个结论称为柯西定理，它不仅提供了计算沿着简单闭曲线的积分的方法，还推导出解析函数的一些重要性质.

推论 3.1

设$f(z)$在$|z-z_0|<R$内解析，在$|z-z_0|\leqslant R$上连续，则

$$f(z_0)=\frac{1}{2\pi}\int_0^{2\pi}f(z_0+R\mathrm{e}^{\mathrm{i}\theta})\mathrm{d}\theta.$$

推论 3.2

设$f(z)$在由简单闭曲线C_1,C_2所围成的多连通域D内解析，并满足$\overline{D}=C_1+C_2+D$上连续，C_2在C_1内部，z_0为D内一点，则

$$f(z_0)=\frac{1}{2\pi\mathrm{i}}\int_{C_1}\frac{f(z_0)}{z-z_0}\mathrm{d}z-\frac{1}{2\pi\mathrm{i}}\int_{C_2}\frac{f(z_0)}{z-z_0}\mathrm{d}z.$$

如果 z_0 为变量，则柯西积分公式可写为

$$f(z)=\frac{1}{2\pi i}\oint_C\frac{f(\zeta)}{\zeta-z}d\zeta.$$

其中，z 在 C 的内部.

例 3.5　计算积分

$$\int_{|z|=2}\frac{\sin z}{z^2+1}dz.$$

解： 令区域 $D=D(0,2)-D(i,1/2)-D(-i,1/2)$. 函数 $f(z)=\frac{\sin z}{z^2+1}$ 在 $\bar{D}$ 上连续，在 D 上解析. 根据柯西积分定理可得

$$\int_{\partial D}f(z)dz=0.$$

而 $\partial D=\partial D(0,2)-\partial D(i,1/2)-\partial D(-i,1/2)$，所以

$$\int_{|z|=2}f(z)dz=\int_{|z-i|=1/2}f(z)dz+\int_{|z+i|=1/2}f(z)dz.$$

设 $f_1(z)=\frac{\sin z}{z+i}$，可得 $f_1(z)$ 在圆 $D(i,1/2)$ 的邻域上解析，结合柯西积分公式可得

$$\int_{|z-i|=1/2}f(z)dz=\int_{|z-i|=1/2}f_1(z)\frac{1}{z-i}dz=2\pi i\frac{\sin i}{2i}=\pi\sin i.$$

同理，

$$\int_{|z+i|=1/2}f(z)dz=2\pi i\frac{\sin(-i)}{-2i}=\pi\sin i.$$

结合上式可得

$$\int_{|z|=2}\frac{\sin z}{z^2+1}dz=2\pi\sin i.$$

例 3.6　求下式积分的值.

$$\oint_{|z|=2}\frac{z}{(9-z^2)(z+i)}dz.$$

解： 由柯西积分公式得

$$\oint_{|z|=2}\frac{z}{(9-z^2)(z+i)}dz=\oint_{|z|=2}\frac{\frac{z}{9-z^2}}{z-(-i)}dz=2\pi i\frac{z}{9-z^2}\bigg|_{z=-i}=\frac{\pi}{5}.$$

根据推论 3.1，对于解析函数而言，其在区域内部的任何一点都无法达到最大值，除非该函数恒为常数. 换句话说，如果一个函数在某个区域内是解析的，并且不是常数函数，那么它在该区域内部不存在最大值的情况.

3.4 解析函数的高阶导数

根据实函数中导数的定义，一阶导数是否存在和高阶导数是否存在没有必然联系，而复变函数只要在某区域内可导就能具有良好的性质：解析函数的导数仍然是解析的，即解析函数的任意阶导数都存在. 下面从解析函数的导数公式的可能形式出发，对上述性质加以证明.

根据柯西积分公式

$$f(z)=\frac{1}{2\pi i}\oint_C\frac{f(\zeta)}{\zeta-z}d\zeta,$$

假设求导运算和积分运算可以交换，则 $f(z)$ 的一阶导数 $f'(z)$ 的形式定义为

$$f'(z)=\frac{1}{2\pi i}\oint_C\frac{d}{dz}\left(\frac{f(\zeta)}{\zeta-z}\right)d\zeta=\frac{1}{2\pi i}\oint_C\frac{f(\zeta)}{(\zeta-z)^2}d\zeta.$$

对上式作同样的运算，则得到 $f''(z)$ 的形式是

$$f''(z)=\frac{1}{2\pi i}\oint_C\frac{d}{dz}\left[\frac{f(\zeta)}{(\zeta-z)^2}\right]d\zeta=\frac{2!}{2\pi i}\oint_C\frac{f(\zeta)}{(\zeta-z)^3}d\zeta,$$

依次类推，n 阶导数 $f^{(n)}(z)$ 的形式是

$$f^{(n)}(z)=\frac{n!}{2\pi i}\oint_C\frac{f(\zeta)}{(\zeta-z)^{n+1}}d\zeta.$$

上述推导的条件要求求导与积分这两种运算允许交换，从另一个角度直接引用导数定义也能推证上述 n 阶导数公式.

定理 3.6

设函数 $f(z)$ 在简单闭曲线 C 所围成的区域 D 内解析，而在 $\bar{D}=D\cup C$ 上连续，则 $f(z)$ 的各阶导函数均在 D 内解析，对 D 内任一点 z，有

$$f^{(n)}(z)=\frac{n!}{2\pi i}\oint_C\frac{f(\zeta)}{(\zeta-z)^{n+1}}d\zeta\quad(n=1,2,\cdots).\tag{3.6}$$

证明：先考虑 $n=1$ 的情形，根据柯西积分公式有

$$\frac{f(z+\Delta z)-f(z)}{\Delta z}=\frac{1}{2\pi \mathrm{i}\Delta z}\oint_C f(\zeta)\left(\frac{1}{\zeta-z-\Delta z}-\frac{1}{\zeta-z}\right)\mathrm{d}\zeta,$$

因此，

$$\frac{f(z+\Delta z)-f(z)}{\Delta z}-\frac{1}{2\pi \mathrm{i}}\oint_C\frac{f(\zeta)}{(\zeta-z)^2}\mathrm{d}\zeta=\frac{\Delta z}{2\pi \mathrm{i}}\oint_C\frac{f(\zeta)\mathrm{d}\zeta}{(\zeta-z)^2(\zeta-z-\Delta z)}.$$

对上式右端的积分值，作如下估计．因 $f(\zeta)$ 在 C 上连续，设 M 是 $|f(\zeta)|$ 在 C 上的最大值，又设 δ 为点 z 到 C 上的最短距离，当 ζ 在 C 上时，有 $|\zeta-z|\geqslant\delta$，先取 $|\Delta z|<\dfrac{\delta}{2}$，则有

$$|\zeta-z-\Delta z|\geqslant|\zeta-z|-|\Delta z|>\frac{\delta}{2}.$$

由定理 3.2 得

$$\left|\oint_C\frac{f(\zeta)\mathrm{d}\zeta}{(\zeta-z-\Delta z)(\zeta-z)^2}\right|\leqslant\frac{M}{\frac{\delta}{2}\delta^2}L=\frac{2ML}{\delta^3},$$

其中，L 表示 C 的长度．于是，有

$$\left|\frac{f(z+\Delta z)-f(z)}{\Delta z}-\frac{1}{2\pi \mathrm{i}}\oint_C\frac{f(\zeta)\mathrm{d}\zeta}{(\zeta-z)^2}\right|\leqslant\frac{2ML}{\delta^3}\frac{|\Delta z|}{2\pi}.$$

由此可知，

$$f'(z)=\lim_{\Delta z\to 0}\frac{f(z+\Delta z)-f(z)}{\Delta z}=\frac{1}{2\pi \mathrm{i}}\oint_C\frac{f(\zeta)}{(\zeta-z)^2}\mathrm{d}\zeta,$$

即 $n=1$ 时式（3.6）成立．

假定 $n=k(k>1)$ 时式（3.6）成立，再推证当 $n=k+1$ 时，式（3.6）也成立．经过数学归纳法推证可知，式（3.6）成立． ■

式（3.6）称为解析函数的高阶导数公式，应用这个公式一方面可以用求积分代替求导数，另一方面可以用求导的方法来计算积分，即

$$\oint_C\frac{f(\zeta)}{(\zeta-z)^{n+1}}\mathrm{d}\zeta=\frac{2\pi \mathrm{i}}{n!}f^{(n)}(z),$$

从而为某些积分的计算开辟了新的途径．

例 3.7　求下列积分的值：

(1) $\displaystyle\oint_{|z-\mathrm{i}|=1}\frac{\cos z}{(z-\mathrm{i})^3}\mathrm{d}z$；

(2) $\oint_{|z|=4} \frac{e^z}{z^2(z-1)^2} dz$.

解：(1) 函数 $\cos z$ 在 $|z-i| \leqslant 1$ 上解析，由式 (3.6) 得

$$\oint_{|z-i|=1} \frac{\cos z}{(z-i)^3} dz = \frac{2\pi i}{2!}(\cos z)''\Big|_{z=i} = -\pi i \cos i = -\frac{\pi i}{2}(e^{-1}+e).$$

(2) 函数在 $|z|=4$ 内有两个奇点：$z=0,1$. 由复合闭路定理有

$$\oint_{|z|=4} \frac{e^z}{z^2(z-1)^2} dz = \oint_{|z|=\frac{1}{2}} \frac{\frac{e^z}{(z-1)^2}}{z^2} dz + \oint_{|z-1|=\frac{1}{2}} \frac{e^z/z^2}{(z-1)^2} dz .$$

再根据式 (3.6) 有

$$\oint_{|z|=4} \frac{e^z}{z^2(z-1)^2} dz = 2\pi i \left[\frac{e^z}{(z-1)^2}\right]'\Big|_{z=0} + 2\pi i \left(\frac{e^z}{z^2}\right)'\Big|_{z=1}$$

$$= 6\pi i - 2\pi e i = 2\pi(3-e)i.$$

从高阶导数公式可以推导出以下结论.

定理 3.7

设函数 $f(z)$ 在 $|z-z_0|<R$ 内解析，又有 $|f(z)| \leqslant M(|z-z_0|<R)$，则以下不等式成立：

$$|f^{(n)}(z_0)| \leqslant \frac{n!M}{R^n} \quad (n=1,2,\cdots).$$

上式称为柯西不等式.

证明：对于任意的 $R_1: 0<R_1<R$，$f(z)$ 在 $|z-z_0| \leqslant R_1$ 上为解析，故由导数公式有

$$f^{(n)}(z_0) = \frac{n!}{2\pi i} \oint_{|z-z_0|=R_1} \frac{f(z)}{(z-z_0)^{n+1}} dz \quad (n=1,2,\cdots),$$

通过估计右端的模，可得

$$|f^{(n)}(z_0)| \leqslant \frac{n!}{2\pi} \oint_{|z-z_0|=R_1} \frac{|f(z)|}{|z-z_0|^{n+1}} |dz| \leqslant \frac{n!M}{R_1^n}.$$

令 $R_1 \to R$ 得到

$$|f^{(n)}(z_0)| \leqslant \frac{n!M}{R^n} \quad (n=1,2,\cdots).$$

■

从柯西不等式可以推出另一重要的定理.

定理3.8（刘维尔定理）

设函数$f(z)$在全平面上为解析且有界，则$f(z)$为一常数.

证明：设z_0是平面上任意一点，对任意正数R，$f(z)$在$|z-z_0|<R$内解析，又$f(z)$在全平面有界，设$|f(z)|\leqslant M$，由柯西不等式可得

$$|f'(z_0)|\leqslant \frac{M}{R},$$

令$R\to+\infty$，即得$f'(z_0)=0$. 由z_0的任意性可知，在全平面上有$f'(z)\equiv 0$. 故$f(z)$为一常数.

例3.8　求证：在复数平面z上，n次多项式

$$p(z)=a_0z^n+a_1z^{n-1}+\cdots+a_n \quad (a_0\neq 0)$$

至少有一个零点.

证明：反证法. 假设$p(z)$在z平面上无零点. 由于$p(z)$在z平面上是解析的，因此$\dfrac{1}{p(z)}$在z平面上也必解析.

下面证明$\dfrac{1}{p(z)}$在z平面上有界. 由于

$$\lim_{z\to\infty} p(z)=\lim_{z\to\infty} z^n\left(a_0+\frac{a_1}{z}+\cdots+\frac{a_n}{z^n}\right)=\infty,$$

$$\lim_{z\to\infty}\frac{1}{p(z)}=0,$$

故存在充分大的正数R，使得当$|z|>R$时，$\left|\dfrac{1}{p(z)}\right|<1$. 又因$\dfrac{1}{p(z)}$在闭圆$|z|\leqslant R$上连续，故可设

$$\left|\frac{1}{p(z)}\right|\leqslant M,$$

其中，$M>0$. 从而，在z平面上，

$$\left|\frac{1}{p(z)}\right|<M+1,$$

于是，$\dfrac{1}{p(z)}$在z平面上是解析且有界的. 由刘维尔定理，$\dfrac{1}{p(z)}$必为常数，即

$p(z)$必为常数. 这与定理的假设矛盾. 故定理得证. ■

应用解析函数有任意阶导数, 可以证明柯西定理的逆定理, 即莫雷拉定理.

定理3.9 (莫雷拉定理)

如果函数$f(z)$在区域D内连续, 并且对于D内的任一简单闭合曲线C, 有

$$\oint_C f(z)\mathrm{d}z = 0,$$

则$f(z)$在D内解析.

证明: 在假设条件下, 可知

$$F(z) = \int_{z_0}^{z} f(\zeta)\mathrm{d}\zeta \quad (z_0 \in D)$$

在D内解析, 且$F'(z) = f(z)\ (z \in D)$. 但解析函数$F(z)$的导函数$F'(z)$还是解析的, 即$f(z)$在D内解析. ■

3.5 解析函数与调和函数

上一节中已经证明了, 在区域D内解析函数的实部函数和虚部函数在D内必有各阶连续偏导数, 因此, 在区域D内实部函数和虚部函数都有二阶连续偏导数. 下面研究解析函数的实部函数和虚部函数的二阶偏导数之间的关系.

定义3.2

若$\varphi = \varphi(x, y)$, 在区域D内有二阶连续偏导数, 且满足拉普拉斯(Laplace)方程:

$$\frac{\partial^2 \varphi}{\partial x^2} + \frac{\partial^2 \varphi}{\partial y^2} = 0.$$

则$\varphi = \varphi(x, y)$称为D内的调和函数.

定理 3.10

若复变函数在区域 D 内解析，则函数的实部函数和虚部函数都是 D 内的调和函数.

证明：设 $w=f(z)=u(x,y)+\mathrm{i}v(x,y)$ 是区域 D 内的解析函数，根据 C－R 方程，有

$$\frac{\partial u}{\partial x}=\frac{\partial v}{\partial y},\ \frac{\partial u}{\partial y}=-\frac{\partial v}{\partial x}.$$

根据解析函数的导数仍然是解析函数，$u(x,y)$ 与 $v(x,y)$ 具有任意阶数的连续偏导数. 分别对上式的 x,y 求偏导，可得.

$$\frac{\partial^2 u}{\partial x^2}=\frac{\partial^2 v}{\partial y\partial x},\ \frac{\partial^2 u}{\partial y^2}=-\frac{\partial^2 v}{\partial x\partial y}.$$

由二阶导函数的连续性可知，

$$\frac{\partial^2 v}{\partial y\partial x}=\frac{\partial^2 v}{\partial x\partial y}$$

因此，$\frac{\partial^2 u}{\partial x^2}+\frac{\partial^2 u}{\partial y^2}=0$. 根据定义，$u(x,y)$ 是调和函数. 同理，可以证得 $\frac{\partial^2 v}{\partial x^2}+\frac{\partial^2 v}{\partial y^2}=0$. ■

接下来讨论：如果在区域 D 内任意给定两个调和函数 $u(x,y),v(x,y)$，那么 $u(x,y)+\mathrm{i}v(x,y)$ 在区域 D 内部是否为解析函数?

定义 3.3

在区域 D 内部满足 C－R 方程

$$\frac{\partial u}{\partial x}=\frac{\partial v}{\partial y},\ \frac{\partial u}{\partial y}=-\frac{\partial v}{\partial x}$$

的两个调和函数 $u(x,y),v(x,y)$ 中，$v(x,y)$ 称为 $u(x,y)$ 在区域 D 的共轭调和函数. 即区域 D 内解析函数的虚部为实部的共轭调和函数.

由此，上述讨论变为：已知 $u(x,y)$ 是区域 D 上的调和函数，是否存在 $u(x,y)$ 的共轭调和函数 $v(x,y)$，使得函数 $f(z)=u+\mathrm{i}v$ 是区域 D 上的解析函数?

定理 3.11

若在区域 D 内，函数 $u(x,y)$ 和 $v(x,y)$ 满足共轭调和函数关系，则函数 $f(z)=u+\mathrm{i}v$ 是 D 上的解析函数.

证明：由于多连通区域用割线可以分成一个或者几个单连通区域，因此仅讨论单连通区域. 假设 D 是一个单连通区域，已知 $u(x,y)$ 是区域 D 内的调和函数，则 $u(x,y)$ 在 D 内具有二阶连续偏导，且满足

$$\frac{\partial^2 u}{\partial x^2}+\frac{\partial^2 u}{\partial y^2}=0.$$

等价为，$-\frac{\partial u}{\partial y},\frac{\partial u}{\partial x}$在 D 内具有一阶连续偏导数，满足

$$\frac{\partial}{\partial y}\left(-\frac{\partial u}{\partial y}\right)=\frac{\partial}{\partial x}\left(\frac{\partial u}{\partial x}\right).$$

由数学分析中的定理可知，$-\frac{\partial u}{\partial y}\mathrm{d}x+\frac{\partial u}{\partial x}\mathrm{d}y$ 是全微分. 令

$$-\frac{\partial u}{\partial y}\mathrm{d}x+\frac{\partial u}{\partial x}\mathrm{d}y=\mathrm{d}v(x,y),$$

根据积分与路径无关的性质，取(x_0,y_0)是单连通区域 D 内的定点，(x,y)是 D 内的动点.

将上式对 x,y 求偏导数，可得

$$\frac{\partial v}{\partial x}=-\frac{\partial u}{\partial y},\ \frac{\partial v}{\partial y}=\frac{\partial u}{\partial x},$$

即满足 C－R 方程. 根据解析函数定理可知，$u+\mathrm{i}v$ 在 D 内解析. ■

例 3.9 已知函数 $u=\frac{x}{x^2+y^2}$在右半平面 $\mathrm{Re}\,z>0$ 是调和函数，求在该半平面解析的函数 $f(z)=u+\mathrm{i}v$，使得 $u=\frac{x}{x^2+y^2},f(1+\mathrm{i})=\frac{1-\mathrm{i}}{2}$.

解：求解偏导数得到

$$u'_x=\frac{y^2-x^2}{(y^2+x^2)^2}\quad u'_y=\frac{-2xy}{(y^2+x^2)^2}.$$

由 C－R 条件得到

$$v'_x=\frac{2xy}{(y^2+x^2)^2}\quad v'_y=\frac{y^2-x^2}{(y^2+x^2)^2}.$$

对 v'_x 求积分可得

$$v = \int \frac{2xy}{(x^2+y^2)^2}\mathrm{d}x = \frac{-y}{x^2+y^2} + g(y).$$

将上式两边对 y 求导，并与 v'_y 进行对比，可得

$$v'_y = \frac{y^2-x^2}{(y^2+x^2)^2} + g'(y) = \frac{y^2-x^2}{(y^2+x^2)^2},$$

于是得到 $g(y)=c$，c 是常数. 进而可得

$$v = \frac{-y}{x^2+y^2} + c.$$

于是有

$$f(z) = \frac{x-y\mathrm{i}}{x^2+y^2} + c\mathrm{i} = \frac{1}{z} + c\mathrm{i}.$$

根据条件 $f(1+\mathrm{i}) = \frac{1-\mathrm{i}}{2}$ 可以求得 $c=0$. 最后有结果

$$f(z) = \frac{1}{z}.$$

例 3.10 求以调和函数 $v=\arctan\frac{y}{x}\,(x>0)$ 为虚部的解析函数 $f(z)=u+\mathrm{i}v$.

解： 因为

$$f'(z) = \frac{\partial v}{\partial y} + \mathrm{i}\frac{\partial v}{\partial x} = \frac{x}{x^2+y^2} + \mathrm{i}\frac{-y}{x^2+y^2}.$$

令 $y=0$，则

$$f'(x) = \frac{1}{x}.$$

可以解出

$$f(x) = \ln x + c,$$

其中，c 是常数. 进而有

$$f(z) = \ln z + c.$$

3.6 复变函数积分在自动控制中的应用：积分性能指标计算*

在控制科学中，人们常常会关注信号或者控制量的积分形式. 例如，在单输入单输出闭环反馈系统中，我们除了关心系统的稳定性，还会关心系统的动

态特性. 衡量系统特性的其中一个指标为**误差平方和**, 在连续时间信号下等价为**误差平方和对时间 t 积分**, 它能够表征控制系统是否具有静态误差, 以及在无静态误差条件下的响应速度, 同时也能反映系统在平衡点的波动情况. 定义系统的输出为 $y(t)$、参考值为 $r(t)$, 误差项定义为

$$e(t)=y(t)-r(t),$$

误差累积项定义为

$$\int_0^{\infty} e^2(t)\,\mathrm{d}t=\int_0^{\infty}(y(t)-r(t))^2\,\mathrm{d}t.$$

若 $t<0$ 时, 系统的误差为 0, 则

$$\int_0^{\infty} e^2(t)\,\mathrm{d}t=\int_{-\infty}^{+\infty} e^2(t)\,\mathrm{d}t,$$

在保证系统稳定性的前提下, 系统的误差累积项越小, 则说明系统的性能越优秀.

最优控制理论中也有类似的思想, 最优控制理论主要探讨让动力系统在最小成本上运作. 若系统动态可以用一组线性微分方程表示, 而其成本为二次泛函, 则将这类问题称为线性二次 (linear quadratic, LQ) 问题, 此类问题的解称为**线性二次调节器** (linear quadratic regulator), 简称 LQR 问题. LQR 问题是最优控制理论中的基础问题之一.

在很多工程场景中 (如机器和制程控制中), 可以采用最优控制的方法. 最优控制的思路为先设定成本函数, 再对成本函数进行人为加权, 利用数学算法来找到使得成本函数最小化的控制律. 算法会设法调整参数, 使得成本函数降到最小, 控制量本身也会包含在成本函数中.

以无限时间长度, 连续时间的 LQR 问题为例, 其问题描述为

$$\dot{\boldsymbol{x}}=\boldsymbol{A}\boldsymbol{x}+\boldsymbol{B}\boldsymbol{u},$$

其成本函数定义为

$$J=\int_0^{\infty}(\boldsymbol{x}^{\mathrm{T}}\boldsymbol{Q}\boldsymbol{x}+\boldsymbol{u}^{\mathrm{T}}\boldsymbol{R}\boldsymbol{u}+2\boldsymbol{x}^{\mathrm{T}}\boldsymbol{N}\boldsymbol{u})\,\mathrm{d}t,$$

其中, $\boldsymbol{Q},\boldsymbol{R},\boldsymbol{N}$ 为权值矩阵, 被预先设定. 通过成本函数求得让成本函数最小化的反馈控制律:

$$\boldsymbol{u}=-\boldsymbol{K}\boldsymbol{x}.$$

同理当 $t<0$ 时, 我们令 $\boldsymbol{x}=\boldsymbol{0}$, $\boldsymbol{u}=\boldsymbol{0}$, 有

$$J = \int_{-\infty}^{+\infty} (\boldsymbol{x}^{\mathrm{T}}\boldsymbol{Q}\boldsymbol{x} + \boldsymbol{u}^{\mathrm{T}}\boldsymbol{R}\boldsymbol{u} + 2\boldsymbol{x}^{\mathrm{T}}\boldsymbol{N}\boldsymbol{u})\,\mathrm{d}t.$$

在上述两个场景中，形如 $\int_{-\infty}^{+\infty} f^2(t)\,\mathrm{d}t$ 的积分可以采用特殊的积分求解方法，将被积函数从时域转化到复频域，利用复数积分进行求解.

定理 3.12　帕塞瓦尔定理（Parseval's theorem）

设 $F(s) = \mathcal{L}[f(t)]$，$s = \sigma + \mathrm{i}\omega$，则有

$$\int_{-\infty}^{+\infty} f^2(t)\,\mathrm{d}t = \frac{1}{2\pi\mathrm{i}}\int_{-\mathrm{i}\infty}^{+\mathrm{i}\infty} |F(s)|^2\mathrm{d}s = \frac{1}{2\pi\mathrm{i}}\int_{-\mathrm{i}\infty}^{+\mathrm{i}\infty} F(s)F(-s)\,\mathrm{d}s. \quad (3.7)$$

简单来说，帕塞瓦尔定理说明了时间域内的信号在时域上的总能量与该信号在频域内累积的能量相等. 基于这一基本原理，在时域内求解相对困难的积分，可以尝试在复频域内求解. 下面，将通过一个简单的例子说明利用帕塞瓦尔定理求解时域信号的积分性能指标.

如图 3 - 1 所示，考虑线性系统 $G(s)$ 和反馈控制律 $H(s)$，则如图 3 - 2 所示，系统的闭环传递函数 $P(s)$ 可以写为

$$P(s) = \frac{G(s)}{1 + G(s)H(s)}.$$

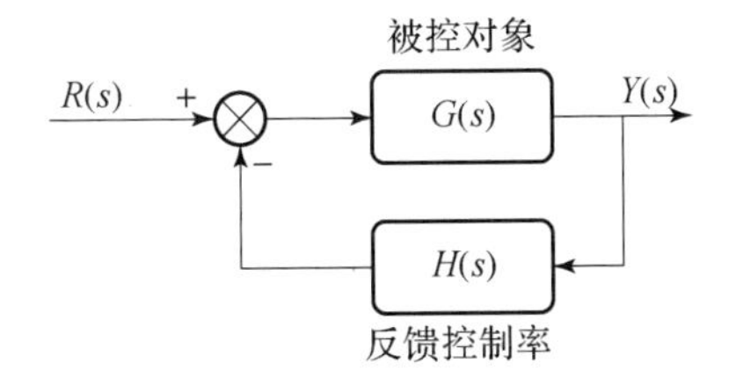

图 3 - 1　带有反馈控制的线性定常系统

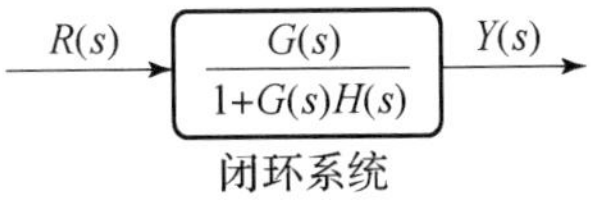

$R(s)$ → $\dfrac{G(s)}{1+G(s)H(s)}$ → $Y(s)$

闭环系统

图 3 - 2　反馈控制系统的等价传递函数

那么，对于输入信号 $R(s)$，系统的输出信号可根据定义表示为

$$Y(s) = R(s)\frac{G(s)}{1 + G(s)H(s)}.$$

为了评估系统输出的动态性能，采用积分性能指标

$$J=\int_0^{\infty}(y(t))^2\mathrm{d}t,$$

其中，$y(t)=\mathcal{L}^{-1}[Y(s)]$是系统输出在时域的表示，一般认为当$t<0$时$y(t)=0$. 利用这一性质，积分性能指标可以进一步写为

$$\begin{aligned}J&=\int_{-\infty}^{\infty}y^2(t)\mathrm{d}t\\&=\frac{1}{2\pi\mathrm{i}}\int_{-\mathrm{i}\infty}^{+\mathrm{i}\infty}|Y(s)|^2\mathrm{d}s,\end{aligned}$$

上式中第二个等号可根据帕塞瓦尔定理得到，这是沿虚轴由$-\mathrm{i}\infty$到$\mathrm{i}\infty$的积分，可以看作扩充复平面上的环路积分（图3－3），从而根据柯西积分公式或高阶导数公式进行计算.

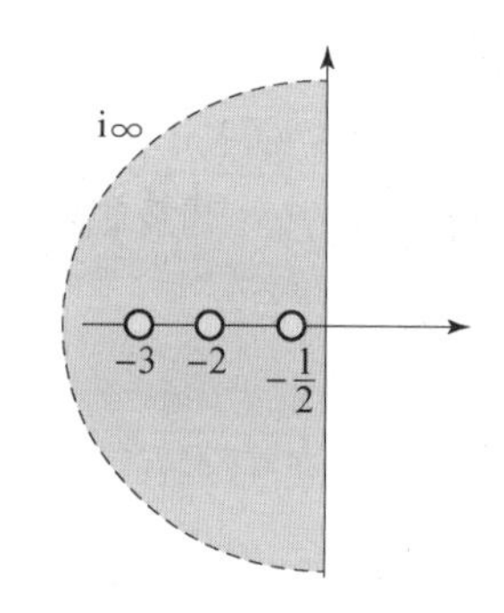

图3－3　扩充复平面上的沿虚轴积分区域

例如，当系统为$G(s)=\dfrac{s^2-s-1}{s-1}$，反馈控制律为$H(s)=\dfrac{s^2+4s+7}{s^2-s-1}$时，系统的等价闭环传递函数为

$$\begin{aligned}P(s)&=\frac{G(s)}{1+G(s)H(s)}\\&=\frac{\dfrac{s^2-s-1}{s-1}}{1+\dfrac{s^2-s-1}{s-1}\dfrac{s^2+4s+7}{s^2-s-1}}\\&=\frac{s^2-s-1}{(s+2)(s+3)}.\end{aligned}$$

对于输入$R(s)=\dfrac{1}{2s+1}$，系统的闭环输出为

$$
\begin{aligned}
Y(s) &= R(s)\frac{G(s)}{1+G(s)H(s)} \\
&= \frac{s^2-s-1}{(2s+1)(s+2)(s+3)},
\end{aligned}
$$

对应的积分性能指标为

$$
J = \frac{1}{2\pi\mathrm{i}}\int_{-\mathrm{i}\infty}^{\mathrm{i}\infty}\left|\frac{s^2-s-1}{(2s+1)(s+2)(s+3)}\right|^2\mathrm{d}s.
$$

值得指出的是，第 2 章中提到的 H_2 控制的性能指标也可以仿照上述方式写成积分性能指标.

被积函数在如图 3 -3 所示的积分环路内部有三个极点，分别为 $-\frac{1}{2}$, -2, -3. 根据帕塞瓦尔定理，上述积分可以写为

$$
\begin{aligned}
J &= \frac{1}{2\pi\mathrm{i}}\int_{-\mathrm{i}\infty}^{\mathrm{i}\infty}\left|\frac{s^2-s-1}{(2s+1)(s+2)(s+3)}\right|^2\mathrm{d}s \\
&= \frac{1}{2\pi\mathrm{i}}\int_{-\mathrm{i}\infty}^{\mathrm{i}\infty}\frac{s^2-s-1}{2s^3-11s^2+17s-6}\,\frac{-s^2+s-1}{2s^3-11s^2+17s-6}\mathrm{d}s \\
&= \frac{1}{2\pi\mathrm{i}}\int_{-\mathrm{i}\infty}^{\mathrm{i}\infty}\frac{-s^4+3s^2-1}{(s-2)(s-3)(2s+1)(2s-1)(s+3)(s+2)}\mathrm{d}s
\end{aligned}
$$

上式即可通过柯西积分公式进行计算. 更便捷的求解上述积分的方法可以参考第 5 章留数定理相关内容.

3.7　本章习题

1. 计算积分

$$
\oint_C (x-y+\mathrm{i}x^2)\mathrm{d}z.
$$

积分路径 C 是连接由 0 到 $1+\mathrm{i}$ 的直线段.

2*. 计算如下积分的值，

$$
\oint_C \frac{\bar{z}}{|z|}\mathrm{d}z.
$$

其中 C 为：(1)　$|z|=2$；(2)　$|z|=4$.

3. 求证：

$$
\left|\oint_C \frac{\mathrm{d}z}{z^2}\right| \leqslant \frac{\pi}{4}
$$

其中，C 是从 $1-\mathrm{i}$ 到 1 的直线段.

4. 不用计算，确定下列积分的值，其中 C 均为单位圆周 $|z|=1$.

(1) $\oint_C \frac{\mathrm{d}z}{z^2+2z+2}$;

(2) $\oint_C \frac{1}{\cos z}\mathrm{d}z$;

(3) $\oint_C \frac{1}{z-\frac{1}{2}}\mathrm{d}z$.

5. 计算积分

$$\int_0^{\pi+2\mathrm{i}} \cos\frac{z}{2}\mathrm{d}z.$$

6. 计算积分

$$\oint_{|z|=3} \frac{1}{(z-\mathrm{i})(z+2)}\mathrm{d}z.$$

7. 计算积分

$$\oint_{|z|=3} \frac{1}{z^2-z}\mathrm{d}z$$

8. 计算（C：$|z|=2$）：

(1) $\oint_C \frac{2z^2-z+1}{z-1}\mathrm{d}z$;

(2) $\oint_C \frac{2z^2-z+1}{(z-1)^2}\mathrm{d}z$.

9*. 计算 $f(z)=|z|$ 沿下列曲线的积分.

(1) C_1 为从 $z_1=-1$ 到 $z_2=1$ 的直线段；

(2) C_2 为从 $z_1=-1$ 到 $z_2=1$ 的上半圆周；

(3) C_3 为从 $z_1=-1$ 到 $z_2=1$ 的下半圆周.

10*. 试讨论函数 $f(z)=\frac{1}{z}$ 沿正向圆周 $|z-z_0|=r$ 的积分值，其中 $r>0$，且 $|z_0|\neq r$，$|z_0|\neq 0$.

11*. 计算下列积分值，其中积分路径都取正向.

(1) $\oint_{|z|=3} \frac{2z+1+2\mathrm{i}}{(z+1)(z+2\mathrm{i})}\mathrm{d}z$;

(2) $\oint_{|z|=1} \frac{2i}{z^2 - 2iz} dz$.

12*. 计算下列积分，其中积分闭路取正向.

(1) $\oint_{|z-1|=1} \frac{1}{z^3 - 1} dz$;

(2) $\oint_{|z|=1} \frac{1}{z^4 (z - 2)^4} dz$;

(3) $\oint_{|z|=2} \frac{\sin z}{(z - i)^{4n+1}} dz$;

(4) $\oint_{|z|=\frac{3}{2}} \frac{1}{(z - 1)(z + 2)(z^4 + 16)} dz$.

13. 计算积分

$$I = \oint_C \frac{z dz}{(2z + 1)(z - 2)},$$

其中曲线 C 有四种情况，分别是:

(1)　$|z| = 1$;

(2)　$|z - 2| = 1$;

(3)　$|z - 1| = \frac{1}{2}$;

(4)　$|z| = 3$.

14. 计算如下积分的值:

$$\oint_C (|z| - e^z \sin z) dz.$$

其中，C 为圆周 $|z| = a > 0$.

15. 设

$$f(z) = \int_{|\zeta|=3} \frac{3\zeta^2 + 7\zeta + 1}{\zeta - z} d\zeta,$$

求 $f'(1 + i)$.

16. 下列两个积分的值是否相等? 积分 (2) 的值能否利用闭路变形原理从 (1) 的值得到? 为什么?

(1) $\oint_{|z|=2} \frac{\bar{z}}{z} dz$;

(2) $\oint_{|z|=4} \frac{\bar{z}}{z} dz$.

17. 通过计算

$$\int_{|z|=1} \left(z + \frac{1}{z}\right)^{2n} \frac{dz}{z} \quad (n = 1,2,\cdots),$$

证明：

$$\int_0^{2\pi} \cos^{2\pi}\theta d\theta = 2\pi \cdot \frac{1 \cdot 3 \cdot 5 \cdot \cdots \cdot (2n-1)}{2 \cdot 4 \cdot 6 \cdot \cdots \cdot 2n}.$$

18. 如果在 $|z|<1$ 内函数 $f(z)$ 解析，且

$$|f(z)| \leqslant \frac{1}{1-|z|}.$$

试证：

$$|f^{(n)}(0)| \leqslant (n+1)!\left(1+\frac{1}{n}\right)^n < e(n+1)! \quad (n=1,2,\cdots).$$

提示：可取积分路径为圆周 C：$|z| = \frac{n}{n+1}$，然后应用高阶导数公式.

19. 设在 $|z| \leqslant 1$ 上函数 $f(z)$ 解析，且 $|f(z)| \leqslant 1$，试证：

$$|f'(0)| \leqslant 1.$$

20*. 由下面所给的调和函数求解析函数 $f(z) = u + iv$.

$$u = e^x(x\cos y - y\sin y),\ f(0) = 0.$$

21*. 由下面所给的调和函数求解析函数 $f(z) = u + iv$.

$$v = \frac{y}{x^2 + y^2},\ f(2) = 0.$$

3.8　习题解答

1. $-\frac{1}{3} + \frac{i}{3}$.

2. $4\pi i$，$8\pi i$.

3. 提示：取 $z=1+\mathrm{i}y=1+\mathrm{i}\tan\theta$，通过

$$\left|\oint_C \frac{1}{z^2}\mathrm{d}z\right| \leqslant \oint_C \frac{|\mathrm{d}z|}{|z|^2}$$

证明原命题.

4. 0，0，$4\pi\mathrm{i}$

5. $\mathrm{e}^{-1}+\mathrm{e}$.

6. 0.

7. 0.

8. $4\pi\mathrm{i}$，$6\pi\mathrm{i}$.

9. （1）1；（2）2.（3）2.

10. $r<|z_0|$ 时，$\int_{|z-z_0|=r} f(z)\mathrm{d}z=0$；

$r>|z_0|$ 时，$\int_{|z-z_0|=r} f(z)\mathrm{d}z=\int_{|z-z_0|=r}\frac{1}{z-0}\mathrm{d}z=\int_{|z-0|=\varepsilon}\frac{1}{z-0}\mathrm{d}z=2\pi\mathrm{i}$.（其中 $\varepsilon>0$，为任意实数）.

11. $\oint_{|z|=3}\frac{2z+1+2\mathrm{i}}{(z+1)(z+2\mathrm{i})}\mathrm{d}z=4\pi\mathrm{i}$，

$\oint_{|z|=1}\frac{2\mathrm{i}}{z^2-2\mathrm{i}z}\mathrm{d}z=-2\pi\mathrm{i}$.

12. $\oint_{|z-1|=1}\frac{1}{z^3-1}\mathrm{d}z=-\frac{2}{3}\pi\mathrm{i}$.

$\oint_{|z|=1}\frac{1}{z^4(z-2)^4}\mathrm{d}z=\frac{5}{16}\pi\mathrm{i}$.

$\oint_{|z|=2}\frac{\sin z}{(z-\mathrm{i})^{4n+1}}\mathrm{d}z=\frac{-2\pi\mathrm{i}}{(4n)!}\sinh 1$.

$\oint_{|z|=\frac{3}{2}}\frac{1}{(z-1)(z+2)(z^4+16)}\mathrm{d}z=\frac{2\pi\mathrm{i}}{51}$.

13. $\frac{\pi\mathrm{i}}{5}$，$\frac{4\pi\mathrm{i}}{5}$，0，$\pi\mathrm{i}$.

14. 0.

15. $2\pi(-6+13\mathrm{i})$.　提示：令 $\varphi(\zeta)=3\zeta^2+7\zeta+1$.

16. 两个积分值相等. 但不能由闭路变形原理得到.

17. $2\pi \cdot \dfrac{(2n-1)!!}{(2n)!!}$.

18. $|f^{(n)}(0)| \leqslant (n+1)!\,\mathrm{e}$.

19. 1.

20. $f(z)=z\mathrm{e}^{z}$.

21. $f(z)=\dfrac{1}{2}-\dfrac{1}{z}$.

第 4 章

复　级　数

第 2 章和第 3 章分别用微分和积分的方法研究了解析函数，本章将用级数来进一步研究解析函数的性质. 与研究实变函数级数的方法类似，本章首先介绍复数列和复数项级数，然后讨论复变函数项级数及幂级数的有关概念和性质，并着重讨论解析函数的泰勒（Taylor）级数和洛朗（Laurent）级数展开定理及其展开式的求法. 泰勒级数和洛朗级数在解决实际工程问题中有着广泛的应用，是研究系统零点、奇点的有力工具，也为微分方程中求解幂级数解法提供理论基础，对研究解析函数性质和积分计算起到极其重要的作用，应将这两类级数的展开方法作为重要内容来掌握，并注重对比两类级数展开的区别及其原因. 在本章的学习过程中，需要回顾高等数学中的级数部分，对于某些和高等数学中平行的结论，本章往往直接应用而不加以证明. 最后，本章将利用控制系统延时环节可用泰勒展开的性质，探讨泰勒级数在控制器参数自整定中的应用.

4.1　复数项级数

4.1.1　复数列的收敛性

设 $\{\alpha_n\}$ $(n=1,2,\cdots)$ 为一复数列，其通项为 $\alpha_n=a_n+\mathrm{i}b_n$，又设 $\alpha=a+\mathrm{i}b$ 为一确定的复数，若对任意 $\epsilon>0$，都存在对应的正整数 N，使得当 $n>N$ 时，总有 $|\alpha_n-\alpha|<\epsilon$ 成立，则称该复数列 $\{\alpha_n\}$ 收敛且极限为 α，记作

$$\lim_{n\to\infty}\alpha_n=\alpha, \tag{4.1}$$

若序列$\{\alpha_n\}$不收敛，则称其为发散序列.

定理 4.1

设 $\alpha_n=a_n+\mathrm{i}b_n(n=1,2,\cdots)$，$\alpha=a+\mathrm{i}b$，则$\lim\limits_{n\to\infty}\alpha_n=\alpha$ 的充要条件是

$$\lim_{n\to\infty}a_n=a,\ \lim_{n\to\infty}b_n=b. \tag{4.2}$$

证明：由不等式

$$|a_n-a|\leqslant|\alpha_n-\alpha| \quad 及 \quad |b_n-b|\leqslant|\alpha_n-\alpha|,$$

即得条件的必要性. 由不等式

$$|\alpha_n-\alpha|\leqslant|a_n-a|+|b_n-b|,$$

可得条件的充分性. ■

例 4.1 判别下列复数列的收敛性和极限.

(1) $\alpha_n=\dfrac{n\mathrm{i}}{n+2}$; (2) $\alpha_n=\dfrac{\cos n}{(1+\mathrm{i})^n}$; (3) $\alpha_n=\mathrm{e}^{\pi n\mathrm{i}}$.

解：(1) 令 $a_n+\mathrm{i}b_n=n\mathrm{i}/(n+2)$，则 $a_n=0$，$b_n=n/(n+2)$. 显然，当 $n\to\infty$ 时，$a_n\to0$ 且 $b_n\to1$，根据定理 4.1，该数列当 $n\to\infty$ 时收敛，极限为 i.

(2) 显然，当 $n\to\infty$ 时，$|\alpha_n|=\left|\dfrac{\cos n}{(1+\mathrm{i})^n}\right|\to0$，则该数列收敛且极限为零.

(3) 当 $n\to\infty$ 时，$a_n=\cos(n\pi)$，$b_n=0$，数列 a_n 发散. 由定理 4.1 可得，该数列发散.

4.1.2 复数项级数

1. 概念

设 $\alpha_n(n=1,2,\cdots)$ 为一复数序列，称如下表示

$$\sum_{n=1}^{\infty}\alpha_n=\alpha_1+\alpha_2+\cdots+\alpha_n+\cdots \tag{4.3}$$

为复数项无穷级数. 它的部分和是指其前 n 项的和, 记作

$$S_n = \alpha_1 + \alpha_2 + \cdots + \alpha_n. \tag{4.4}$$

若该部分和序列有极限 $\lim\limits_{n\to\infty} S_n = S$ (有限复数), 则称级数是收敛的, S 称为该**级数的和**, 记作

$$\sum_{n=1}^{\infty} \alpha_n = \alpha_1 + \alpha_2 + \cdots + \alpha_n + \cdots = S. \tag{4.5}$$

若 S_n 没有极限, 则称级数是发散的. 此外, 若正项级数 $\sum\limits_{n=1}^{\infty} |a_n|$ 收敛, 则称级数 $\sum\limits_{n=1}^{\infty} \alpha_n$ **绝对收敛**.

2. 收敛性判别法

令 $S_n = \sum\limits_{k=1}^{n} a_k + \mathrm{i} \sum\limits_{k=1}^{n} b_k = A_n + \mathrm{i}B_n$, 利用定理4.1, 以及实数项级数与复数项级数的收敛定义, 可得如下定理:

定理 4.2

级数 $\sum\limits_{n=1}^{\infty} \alpha_n$ 收敛的充要条件是实部级数 $\sum\limits_{n=1}^{\infty} a_n$ 和虚部级数 $\sum\limits_{n=1}^{\infty} b_n$ 都收敛.

有此定理, 就可将复数项级数的收敛与发散问题转化为实数项级数的收敛与发散问题. 对于实数项级数, 其收敛的必要条件为当 $n\to\infty$ 时, 其通项趋于零. 因此, 有:

定理 4.3

级数 $\sum\limits_{n=1}^{\infty} \alpha_n$ 收敛的必要条件是当 $n\to\infty$ 时一定有 $|\alpha_n|\to 0$.

注 4.1 该定理仅给出了级数收敛的必要条件, 不是充分条件. 此定理的主要应用是根据其逆否命题来判别所给级数发散, 即有如下推论:

推论 4.1

若当 $n\to\infty$ 时, α_n 不趋向于零, 则级数 $\sum\limits_{n=1}^{\infty} \alpha_n$ 发散.

定理 4.4

若 $\sum_{n=1}^{\infty}|\alpha_n|$ 收敛，则 $\sum_{n=1}^{\infty}\alpha_n$ 也收敛.

证明：因为 $\sum_{n=1}^{\infty}|\alpha_n| = \sum_{n=1}^{\infty}\sqrt{a_n^2+b_n^2}$ 且 $|a_n| \leqslant \sqrt{a_n^2+b_n^2}$，$|b_n| \leqslant \sqrt{a_n^2+b_n^2}$，根据正项级数的比较判别法可知，$\sum_{n=1}^{\infty}a_n$ 和 $\sum_{n=1}^{\infty}b_n$ 都绝对收敛，因此它们本身也收敛，由定理 4.2 可得原级数收敛. ■

定理 4.4 告诉我们，绝对收敛的级数本身一定是收敛的；反之，若级数 $\sum_{n=1}^{\infty}\alpha_n$ 收敛，级数 $\sum_{n=1}^{\infty}|\alpha_n|$ 不一定收敛. 我们把 $\sum_{n=1}^{\infty}\alpha_n$ 收敛而 $\sum_{n=1}^{\infty}|\alpha_n|$ 不收敛的级数称为**条件收敛**.

例 4.2 判别下列级数的收敛性.

(1) $\sum_{n=1}^{\infty}\left(\frac{n+\mathrm{i}}{n-\mathrm{i}}\right)^n$；(2) $\sum_{n=1}^{\infty}\frac{\mathrm{i}^n}{n^2}$；(3) $\sum_{n=1}^{\infty}\frac{\mathrm{i}^n}{n}$.

解：(1) 由于 $|\alpha_n|=1$ 不趋向于零，由定理 4.3 的推论可知该级数发散.

(2) 由于 $\sum_{n=1}^{\infty}\left|\frac{\mathrm{i}^n}{n^2}\right| = \sum_{n=1}^{\infty}\frac{1}{n^2}$ 是收敛的正项级数，根据定理 4.4 可知该级数收敛，且为绝对收敛.

(3) 显然 $\sum_{n=1}^{\infty}\frac{\mathrm{i}^n}{n} = -\left(\frac{1}{2}-\frac{1}{4}+\frac{1}{6}-\frac{1}{8}+\cdots\right)+\mathrm{i}\left(1-\frac{1}{3}+\frac{1}{5}-\frac{1}{7}+\cdots\right)$.

当 $n\to\infty$ 时，其实部级数与虚部级数的通项绝对值都单调递减且趋于零. 由交错级数判别法可知，该级数的实部级数和虚部级数都收敛，故 $\sum_{n=1}^{\infty}\frac{\mathrm{i}^n}{n}$ 收敛. 但 $\sum_{n=1}^{\infty}\left|\frac{\mathrm{i}^n}{n}\right| = \sum_{n=1}^{\infty}\frac{1}{n}$ 为调和级数（发散），因此原级数是条件收敛级数.

归纳起来，判定复数项级数收敛性的一般步骤如下：

第 1 步，用定理 4.3 判别级数的发散性. 当 $|\alpha_n|\to 0$ 时，不能判定级数是收敛还是发散.

第 2 步，用定理 4.4 判别级数的绝对收敛性. 当级数不绝对收敛时，再判别它本身是否收敛.

第 3 步，用定理 4.2 来判别级数本身是收敛还是发散.

第4步，根据复数项级数收敛的定义，判断当 $n\to 0$ 时，部分和 S_n 的极限是否存在.

4.2　幂级数

4.2.1　复变函数项级数

设 D 为某个非空复数集，$f_n(z)$ 为区域 D 内的函数($n=1,2,\cdots$)，则称

$$\sum_{n=1}^{\infty} f_n(z) = f_1(z) + f_2(z) + \cdots + f_n(z) + \cdots \tag{4.6}$$

为区域 D 内的复变函数项级数．该级数的前 n 项和

$$S_n(z) = f_1(z) + f_2(z) + \cdots + f_n(z) \tag{4.7}$$

称为级数的部分和.

设 z_0 为集合 D 内的一点，若将其代入级数中使数值级数

$$\sum_{n=1}^{\infty} f_n(z_0) = f_1(z_0) + f_2(z+0) + \cdots + f_n(z_0) + \cdots \tag{4.8}$$

收敛，则称该函数项级数在点 z_0 处收敛，z_0 为级数的**收敛点**，收敛点所构成的集合 D_0 称为该级数的收敛域（$D_0 \subset D$ 不一定是区域）．此时，对任意 $z \in D_0$，可记

$$S(z) = \sum_{n=1}^{\infty} f_n(z) \quad (z \in D_0). \tag{4.9}$$

其中，$S(z)$ 为级数的**和函数**.

常见的函数项级数包括幂级数、三角级数和洛朗级数等．接下来，主要研究复变函数项级数的简单情形——幂级数和含有正幂项、负幂项的级数.

4.2.2　幂级数的收敛性

与实变量的幂级数一样，在复变函数中所谓的幂级数是指级数的通项为幂函数 $f_n(z) = c_{n-1}(z-z_0)^{n-1}$ 的情形($n=1,2,\cdots$)，即级数

$$\sum_{n=0}^{\infty} c_n(z-z_0)^n = c_0 + c_1(z-z_0) + c_2(z-z_0)^2 + \cdots + c_n(z-z_0)^n + \cdots. \tag{4.10}$$

其中，z 是复变数，系数 c_k 是复常数，$k=0,1,2,\cdots$.

为简便起见，下面只讨论 $z_0=0$ 的情形，即

$$\sum_{n=0}^{\infty} c_n z^n = c_0 + c_1 z + \cdots + c_n z^n + \cdots,$$

其所有结果可通过变量替换来推广到一般情形.

下面讨论幂级数的收敛集合，与高等数学中的实变幂级数一样，复变幂级数也有所谓幂级数的收敛定理，即阿贝尔（Abel）定理.

定理 4.5（阿贝尔定理）

如果级数 $\sum_{n=0}^{\infty} c_n z^n$ 在 $z=z_0(\neq 0)$ 收敛，则对满足 $|z|<|z_0|$ 的 z，级数必绝对收敛. 如果级数在 $z=z_0(\neq 0)$ 发散，则对满足 $|z|>|z_0|$ 的 z，级数必发散.

证明：由于级数 $\sum_{n=0}^{\infty} c_n z_0^n$ 收敛，根据其必要条件，有 $\lim\limits_{n\to\infty} c_n z_0^n=0$. 因此存在正数 M 对所有的 n 有

$$|c_n z_0^n|<M,$$

如果 $|z|<|z_0|$，则 $|z|/|z_0|=q<1$，此时有

$$|c_n z^n| = |c_n z_0^n| \cdot \left|\frac{z}{z_0}\right|^n < Mq^n.$$

又由于 $\sum_{n=0}^{\infty} Mq^n$ 为公比小于 1 的等比级数，故收敛. 因此，由正项级数比较判别法得级数 $\sum_{n=0}^{\infty} c_n z^n$ 是绝对收敛的.

当级数在点 z_0 处发散时，可用反证法证明其结论成立. 即若在 $|z|>|z_0|$ 中有某点 z_1 使级数收敛，则由 4.1.2 节中的结果可知该级数在 z_0 处也收敛，从而出现矛盾. 所以此时对满足 $|z|>|z_0|$ 的 z，级数发散. ■

4.2.3 幂级数的收敛圆和收敛半径

利用阿贝尔定理，可以定出幂级数的收敛范围. 对于一个幂级数来说，它的收敛情况不外乎下述三种：

（1）对所有的正实数都收敛. 此时，由阿贝尔定理可知级数在复平面内

绝对收敛.

例如，级数 $1+z+\frac{z^2}{2^2}+\cdots+\frac{z^n}{n^n}+\cdots$，对任意给定的 z，从某个 n 开始，有 $\frac{|z|}{n}<\frac{1}{2}$. 于是 $\left|\frac{z^n}{n^n}\right|<\left(\frac{1}{2}\right)^n$，该级数对任意的实数 z 均收敛. 该级数在复平面内绝对收敛.

（2）对所有的正实数（除 $z=0$ 外）都发散. 此时，级数在复平面内除原点外处处发散.

例如，级数 $1+z+2^2z^2+\cdots+n^nz^n+\cdots$，当 $z\neq0$ 时，通项不趋于零，故级数发散.

（3）既存在使级数发散的正实数，也存在使级数收敛的正实数. 设 $z=\alpha$ 时，级数收敛；$z=\beta$ 时，级数发散. 显然 $\alpha<\beta$，则在以原点为中心、α 为半径的圆周 C_α 内，级数绝对收敛；在以原点为中心、β 为半径的圆周 C_β 外，级数发散，如图 4－1 所示.

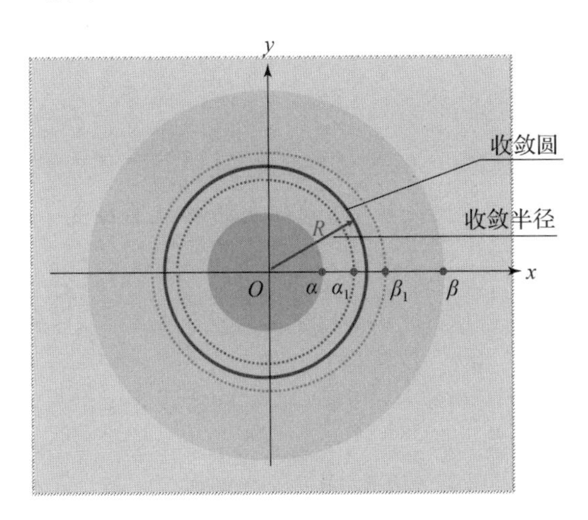

图 4－1　幂级数收敛圆与收敛半径

由此可知，幂级数 $\sum\limits_{n=0}^{\infty}c_nz^n$ 的收敛范围是以原点为中心的圆域. 幂级数 $\sum\limits_{n=0}^{\infty}c_n(z-z_0)^n$ 的收敛范围是以 $z=z_0$ 为中心的圆域. 定义圆周 $|z|=R$，使幂级数在该圆外部发散而在其内部绝对收敛. 则将 $|z|=R$ 称为该幂级数的**收敛圆**，R 为其**收敛半径**.

注 4.2 幂级数在收敛圆周上是收敛还是发散，不能作出一般的结论，要对具体级数进行具体分析.

4.2.4 幂级数收敛半径的求法

关于幂级数收敛半径 R 的具体求法与实幂级数类似，比值法和根值法是常用的两种有效方法.

（1）比值法：若 $\lim\limits_{n\to\infty}\left|\dfrac{c_{n+1}}{c_n}\right|=\lambda$，则级数 $\sum\limits_{n=0}^{\infty}c_n(z-z_0)^n$ 的收敛半径 $R=\dfrac{1}{\lambda}$.

（2）根值法：若 $\lim\limits_{n\to\infty}\sqrt[n]{|c_n|}=\lambda$，则级数 $\sum\limits_{n=0}^{\infty}c_n(z-z_0)^n$ 的收敛半径 $R=\dfrac{1}{\lambda}$.

若 $\lambda=0$，则 $R=\infty$；若 $\lambda=\infty$，则 $R=0$.

例 4.3 求下列幂级数的收敛圆及其收敛区域.

（1）$\sum\limits_{n=0}^{\infty}(2+\mathrm{i})^n z^{2n}$；（2）$\sum\limits_{n=1}^{\infty}\dfrac{\mathrm{i}}{n^2}(z-\mathrm{i})^{2n+1}$.

解：（1）令 $\xi=(2+\mathrm{i})z^2$，则由于

$$\sum_{n=0}^{\infty}(2+\mathrm{i})^n z^{2n}=\sum_{n=0}^{\infty}\xi^n=\begin{cases}1-\xi, & |\xi|<1,\\ 发散, & |\xi|\geqslant 1.\end{cases}$$

得其收敛域为 $|S|=|2+\mathrm{i}||z|^2<1$，即它的收敛圆域是 $|z|<\dfrac{1}{\sqrt[4]{5}}$，而且在收敛的圆周上处处发散.

容易发生的错误：由 $c_n=(2+\mathrm{i})^n$，得 $R=\dfrac{1}{\sqrt{5}}$.

（2）令 $\xi=(z-\mathrm{i})^2$，得

$$\sum_{n=1}^{\infty}\frac{\mathrm{i}}{n^2}(z-\mathrm{i})^{2n}=\sum_{n=1}^{\infty}\frac{\mathrm{i}}{n^2}S^n,$$

由比值法可求出，上式右端级数的收敛半径 $R=1$，并且在 $|\xi|=1$ 的内部是绝对收敛的，因此原级数在 $|z-\mathrm{i}|<1$ 时是绝对收敛的，而在 $|z-\mathrm{i}|>1$ 时是发散的.

另外，由于 $\sum\limits_{n=1}^{\infty}\dfrac{1}{n^2}$ 是收敛的，因此当 $|z-\mathrm{i}|=1$ 时，原级数 $\sum\limits_{n=1}^{\infty}\dfrac{\mathrm{i}}{n^2}(z-\mathrm{i})^{2n+1}$ 绝对收敛.

4.2.5 幂级数的运算和性质

1. 幂级数的四则运算

对于收敛圆的圆心相同的两个复变幂级数，它们像实变幂级数一样也可进行有理运算，设

$$f(z)=\sum_{n=0}^{\infty}a_nz^n,\ R=r_1;$$

$$g(z)=\sum_{n=0}^{\infty}b_nz^n,\ R=r_2.$$

这两个幂级数的和、差、积在公共收敛圆内显然收敛，所得幂级数的收敛半径通常需要根据其系数来确定，但不会小于所给级数的收敛半径最小的一个，即新的幂级数收敛半径 $R\geqslant\min\{R_1,R_2\}$.

2. 幂级数的代换运算

若当 $|z|<r$ 时，$f(z)=\sum\limits_{n=0}^{\infty}c_nz^n$，在 $|z|<R$ 内 $g(z)$ 解析且满足 $|g(z)|<r$，则当 $|z|<R$ 时，

$$f[g(z)]=\sum_{n=0}^{\infty}c_n[g(z)]^n.$$

此代换运算在把函数展开成幂级数时有着广泛的应用.

3. 幂级数在收敛圆内的性质——逐项微分和积分

复变幂级数也像实变幂级数一样，在其收敛圆内有如下性质（证明从略）.

定理 4.6

幂级数在其收敛圆内绝对收敛，其和函数在该圆内解析，并且可以逐项微分、积分任意多次，所得每个新幂级数的收敛半径与原级数收敛半径相等，即对于

$$\sum_{n=0}^{\infty}c_n(z-z_0)^n=S(z)\quad(|z-z_0|<R),$$

有

$$S'(z)=\sum_{n=0}^{\infty}nc_n(z-z_0)^{n-1}\quad(|z-z_0|<R),$$

$$\int_{z_0}^{z}S(z)\mathrm{d}z=\sum_{n=0}^{\infty}\frac{c_n}{n+1}(z-z_0)^{n+1}\quad(|z-z_0|<R).$$

4.3 泰勒级数

经过上节讨论可知，幂级数的和函数在它的收敛圆内部一定是一个解析函数. 本节要研究的问题是：任何一个解析函数能否用幂级数来表达？这个问题不但具有理论意义，而且很有实用价值.

实变函数 $f(x)$ 在点 x_0 的邻域的泰勒展开式为

$$f(x)=\sum_{n=0}^{\infty}\frac{f^{(n)}(x_0)}{n!}(x-x_0)^n.$$

该式成立的条件为 $f(x)$ 在该邻域内有任意阶导数，而且当 $n\to\infty$ 时，在该邻域内恒有余项

$$R_n(x)=f(x)-\sum_{k=0}^{n}\frac{f^{(k)}(x_0)}{k!}(x-x_0)^k\to 0.$$

在复变函数中，函数 $f(z)$ 在点 z_0 的某邻域内有任意阶导数，这等价于它在该邻域内解析. 省略其余项趋于零的条件，也可证明类似泰勒级数展开公式成立，为了证明有关定理，接下来介绍有关逐项积分的两个引理.

4.3.1 有关逐项积分的两个引理

引理 4.1（函数项级数的逐项积分）

设函数 $g(z)$ 和 $f_n(z)\,(n=0,1,2,\cdots)$ 沿曲线 C 可积，且在 C 上处处有

$$g(z)=\sum_{n=0}^{\infty}f_n(z).$$

如果存在收敛的正项级数 $A_0+A_1+\cdots+A_n+\cdots$，使得在 C 上有

$$|f_n(z)|\leqslant A_n\quad(n=0,1,2,\cdots).$$

那么，

$$\int_C g(z)\,\mathrm{d}z=\sum_{n=0}^{\infty}\int_C f_n(z)\,\mathrm{d}z.$$

证明：由于 $\sum\limits_{n=0}^{\infty}A_n$ 收敛，因此当 $n\to\infty$ 时，必有

$$R_n = A_{n+1} + A_{n+2} + \cdots \to 0.$$

于是设曲线 C 的长度为 L，当 $n \to \infty$ 时，有

$$\begin{aligned}
\left| \int_C g(z)\mathrm{d}z - \sum_{k=0}^{n} \int_C f_k(z)\mathrm{d}z \right| &= \left| \int_C g(z)\mathrm{d}z - \int_C \sum_{k=0}^{n} f_k(z)\mathrm{d}z \right| \\
&= \left| \int_C \left[\sum_{k=n+1}^{\infty} f_k(z) \right] \mathrm{d}z \right| \leqslant \int_C \left| \sum_{k=n+1}^{\infty} f_k(z) \right| |\mathrm{d}z| \\
&\leqslant \int_C \left[\sum_{k=n+1}^{\infty} |f_k(z)| \right] \mathrm{d}s \leqslant \int_C \left[\sum_{k=n+1}^{\infty} A_k \right] \mathrm{d}s = LR_n \to 0.
\end{aligned}$$

■

引理4.2

若 $f(\xi)$ 在正向圆周 $C: |\xi - z_0| = r$ 上连续，则

（1）对该圆内任一点 z 有

$$\int_C \frac{f(\xi)}{\xi - z}\mathrm{d}\xi = \sum_{n=0}^{\infty} \left(\int_C \frac{f(\xi)}{(\xi - z_0)^{n+1}} \mathrm{d}\xi \right) (z - z_0)^n;$$

（2）对该圆外任一点 z 有

$$-\int_C \frac{f(\xi)}{\xi - z}\mathrm{d}\xi = \sum_{m=1}^{\infty} \left(\int_C \frac{f(\xi)}{(\xi - z_0)^{-m+1}} \mathrm{d}\xi \right) (z - z_0)^{-m}.$$

证明：（1）令 $\dfrac{|z - z_0|}{|\xi - z_0|} = \rho$，由于 $\rho < 1$，如图4-2所示，因此由等比级数的求和公式得

$$\frac{f(\xi)}{\xi - z} = \frac{f(\xi)}{\xi - z_0 - (z - z_0)} = \frac{f(\xi)}{\xi - z_0} \frac{1}{1 - \dfrac{z - z_0}{\xi - z_0}} = \sum_{n=0}^{+\infty} \frac{f(\xi)(z - z_0)^n}{(\xi - z_0)^{n+1}}.$$

对任意满足 $|\xi - z_0| = r$ 的点成立.

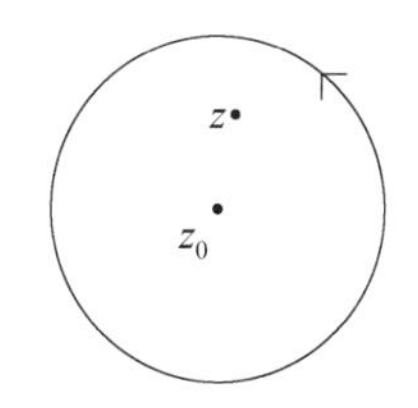

图4-2 点 z 在圆内

由引理 4.1，只需对最后所得的函数项级数找出满足引理条件的正项级数

$$A_0+A_1+\cdots+A_n+\cdots,$$

然后逐项积分，就可得到所证结果.

事实上，由函数 $f(\xi)$ 的连续性，可设在圆周 $|\xi-z_0|=r$ 上 $|f(\xi)|$ 的上界为正数 M，则对于固定的点 z，在该圆周上处处有

$$\left|\frac{f(\xi)(z-z_0)^n}{(\xi-z_0)^{n+1}}\right|\leqslant\frac{M}{r}\rho^n,$$

而 $\sum\limits_{n=0}^{\infty}\frac{M}{r}\rho^n$ 是收敛的，故所证等式成立.

(2) 当 z 在圆周外时（图 4-3），显然 $\frac{|\xi-z_0|}{|z-z_0|}<1$ 对圆周 C：$|\xi-z_0|=r$ 上的点 ξ 成立. 这时有

$$-\frac{f(\xi)}{\xi-z}=\frac{-f(\xi)}{\xi-z_0-(z-z_0)}=\frac{f(\xi)}{z-z_0}\frac{1}{1-\dfrac{\xi-z_0}{z-z_0}}=\sum_{n=1}^{+\infty}\frac{f(\xi)(\xi-z_0)^{n-1}}{(z-z_0)^n}.$$

同样由引理 4.1 可得所证等式. ■

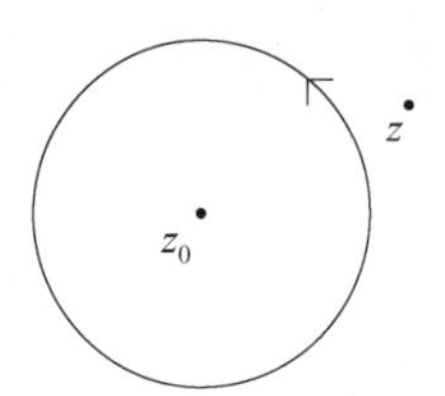

图 4-3 点 z 在圆外

4.3.2 解析函数的泰勒级数展开定理

定理 4.7（泰勒级数展开定理）

设函数 $f(z)$ 在圆盘 U：$|z-z_0|<R$ 内解析，那么在 U 内有

$$f(z)=f(z_0)+\frac{f'(z_0)}{1!}(z-z_0)+\frac{f''(z_0)}{2!}(z-z_0)^2+\cdots+\frac{f^{(n)}(z_0)}{n!}(z-z_0)^n+\cdots.$$

证明：设 $z\in U$，以 z_0 为中心在 U 内作一圆 C，使得 z 属于其内部，如图 4-4 所示.

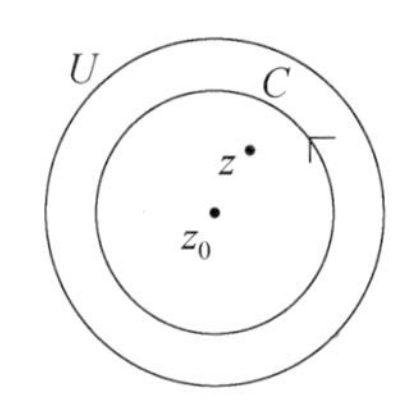

图 4－4　泰勒级数展开定理示意图

此时由柯西积分公式有

$$f(z)=\frac{1}{2\pi i}\int_C\frac{f(\xi)}{\xi-z}d\xi.$$

又因 $f(\xi)$ 在 C 上解析，也一定连续，所以由引理 4.2 的结论（1）得

$$f(z)=\frac{1}{2\pi i}\sum_{n=0}^{+\infty}\left(\int_C\frac{f(\xi)}{(\xi-z_0)^{n+1}}d\xi\right)(z-z_0)^n=\sum_{n=0}^{+\infty}\frac{f^{(n)}(z_0)}{n!}(z-z_0)^n.$$

由于 z 是 U 内的任意一点，证毕. ■

利用泰勒级数可以把函数展开成幂级数，但这样的展开式是否唯一呢？

设 $f(z)$ 在 z_0 处已经用另外的方法展开成幂级数：

$$f(z)=a_0+a_1(z-z_0)+a_2(z-z_0)^2+\cdots+a_n(z-z_0)^n+\cdots,$$

则有

$$f(z_0)=a_0.$$

根据幂级数的性质（定理 4.6），得

$$f'(z)=a_1+2a_2(z-z_0)+\cdots,$$

因此

$$f'(z_0)=a_1.$$

同理，可得

$$a_n=\frac{1}{n!}f^{(n)}(z_0),\cdots.$$

由此可见，任何解析函数展开成幂级数的结果就是泰勒级数，因此是唯一的.

定理 4.8

函数 $f(z)$ 在 z_0 解析的充分必要条件是它在 z_0 的某个邻域有幂级数展开式.

在定理4.7中，幂级数就是它的和函数$f(z)$在收敛圆盘中的**泰勒展开式**，即

$$c_0=f(z_0),c_1=f'(z_0),\cdots,c_n=\frac{f^{(n)}(z_0)}{n!},\ n=0,1,2,\cdots.$$

在定理4.7中，幂级数的和函数$f(z)$收敛圆盘U内不可能有另一幂级数展开式.

4.3.3 初等函数的泰勒展开式

1. 直接展开法

首先，求出$c_n=\dfrac{f^{(n)}(z_0)}{n!}$；然后，应用泰勒定理写出泰勒级数，并利用所给函数的奇点得到幂级数的收敛半径.

指数函数在$z_0=0$处的泰勒展开式为

$$e^z=\sum_{n=0}^{\infty}\frac{1}{n!}z^n=1+z+\frac{z^2}{2!}+\cdots,\quad |z|<\infty.$$

同理可得，下列函数在$z_0=0$处的泰勒展开式：

(1) $\sin z=\displaystyle\sum_{n=0}^{\infty}\frac{(-1)^n}{(2n+1)!}z^{2n+1}\quad(|z|<\infty)$；

(2) $\dfrac{1}{1-z}=\displaystyle\sum_{n=0}^{\infty}z^n\quad(|z|<1)$；

(3) $\cos z=\displaystyle\sum_{n=0}^{\infty}\frac{(-1)^n}{(2n)!}z^{2n}\quad(|z|<\infty)$；

(4) $\ln(1+z)=\displaystyle\sum_{n=0}^{\infty}\frac{(-1)^n}{n+1}z^{n+1}\quad(|z|<1)$；

(5) $(1+z)^\alpha=e^{\alpha\ln(1+z)}=1+\displaystyle\sum_{n=1}^{\infty}\frac{\alpha(\alpha-1)\cdots(\alpha-n+1)}{n!}z^n\quad(|z|<1)$，$\alpha$为实常数，当$\alpha=0,1,2,\cdots$时，该式只有有限项，并且是在整个复平面上成立；

(6) $\arctan z=-\dfrac{i}{2}\ln\dfrac{1+iz}{1-iz}=-\dfrac{i}{2}[\ln(1+iz)-\ln(1-iz)]=\displaystyle\sum_{n=0}^{\infty}\frac{(-1)^nz^{2n+1}}{2n+1}\quad(|z|<1)$.

2. 间接展开法

它是根据函数在一点的泰勒展开式的唯一性给出的. 在此是指从上述7个初等函数的泰勒展开式出发，利用幂级数的变量替换，逐项微分、逐项积分和四则运算等，求出其出泰勒级数及其收敛半径.

例如，应用 $\dfrac{1}{1-\xi}=\sum\limits_{n=0}^{\infty}\xi^{n}\ (|\xi|<1)$，令 $\xi=-z^{2}$，得 $\dfrac{1}{1+z^{2}}=\sum\limits_{n=0}^{\infty}(-1)^{n}z^{2n}$ $(|z|<1)$.

例 4.4 求下列函数在点 $z_0=\mathrm{i}$ 的泰勒展开式及其收敛半径.

(1) $f_1(z)=z^{-10}$;

(2) $f_2(z)=(z+\mathrm{i})^{-1}z^{-1}$;

(3) $f_3(z)=\sin z$;

(4) $f_4(z)=(z-\mathrm{i})^{3}/z^{10}$;

解: (1) $f_1(z)$在 $z_1=0$ 处为唯一的奇点，当 $z\to z_1$ 时，函数$f_1(z)\to\infty$，所以函数在 z_0 处的泰勒展开式的收敛半径为

$$|z_1-z_0|=|0-\mathrm{i}|=1,$$

从而在 $z_0=\mathrm{i}$ 时，有$f_1(z)=(z-\mathrm{i}+\mathrm{i})^{-10}=-\left[1+\dfrac{z-\mathrm{i}}{\mathrm{i}}\right]^{-10}$.

令 $\xi=\dfrac{z-\mathrm{i}}{\mathrm{i}}$，应用展开式 (5) 可得

$$z^{-10}=-1-\sum_{n=1}^{\infty}\frac{\mathrm{i}^{n}(n+9)!}{n!9!}(z-\mathrm{i})^{n}\quad(|z-\mathrm{i}|<1).$$

(2) 同理，可得其在 $z_0=\mathrm{i}$ 处的泰勒展开式的收敛半径为1.

由于$(z+\mathrm{i})^{-1}z^{-1}=\dfrac{\mathrm{i}}{z+\mathrm{i}}-\dfrac{\mathrm{i}}{z}$，应用展开式 (3) 可得

$$\frac{\mathrm{i}}{z+\mathrm{i}}=\sum_{n=0}^{\infty}\frac{(-1)^{n}}{2^{n+1}\mathrm{i}^{n}}(z-\mathrm{i})^{n},\quad\frac{\mathrm{i}}{z}=\sum_{n=0}^{\infty}\mathrm{i}^{n}(z-\mathrm{i})^{n}.$$

所以当 $|z-\mathrm{i}|<1$ 时，

$$(z+\mathrm{i})^{-1}z^{-1}=\frac{\mathrm{i}}{z+\mathrm{i}}-\frac{\mathrm{i}}{z}=\sum_{n=0}^{\infty}\frac{(-1)^{n}}{2^{n+1}\mathrm{i}^{n}}(z-\mathrm{i})^{n}-\sum_{n=0}^{\infty}\mathrm{i}^{n}(z-\mathrm{i})^{n}$$

$$=\sum_{n=0}^{\infty}\mathrm{i}^{n}\left(\frac{1}{2^{n+1}}-1\right)(z-\mathrm{i})^{n}.$$

(3) 由于 $\sin z$ 在整个复平面上解析，故其收敛半径为 ∞.

$$\sin z=\sin(z-\mathrm{i}+\mathrm{i})=\sin(z-\mathrm{i})\cos(\mathrm{i})+\cos(z-\mathrm{i})\sin(\mathrm{i}).$$

应用展开式 (2) (4)，可得

$$\sin z=\mathrm{i}\sinh\sum_{n=0}^{\infty}\frac{(-1)^n}{(2n)!}(z-\mathrm{i})^{2n}+\cosh\sum_{n=0}^{\infty}\frac{(-1)^n}{(2n+1)!}(z-\mathrm{i})^{2n+1}.$$

使用直接法也很简单，需注意到 $\sin z=\dfrac{\mathrm{e}^{\mathrm{i}z}-\mathrm{e}^{-\mathrm{i}z}}{2\mathrm{i}}$.

(4) $f_4(z)=(z-1)^3f_1(z)$，其泰勒级数收敛半径为 1，从而 $f_1(z)$ 在 $z_0=\mathrm{i}$ 处的泰勒展开式为

$$\frac{(z-1)^3}{z^{10}}=-\sum_{n=0}^{\infty}\frac{\mathrm{i}^n(n+9)!}{n!9!}(z-\mathrm{i})^{n+3}\quad(|z-\mathrm{i}|<1).$$

注 4.3 显然，不必要将 $(z-\mathrm{i})^3$ 写成 z 的多项式之后，再求 $f_4(z)$ 在 $z_0=\mathrm{i}$ 处的泰勒展开式.

例 4.5 试将 $f(z)=\dfrac{z}{z+2}$ 在点 $z=1$ 处展成泰勒级数.

解: 因为 $z=-2$ 是 $f(z)$ 的唯一有限奇点，所以可在 $|z-1|<|1-(-2)|=3$ 内展成泰勒级数，有

$$\begin{aligned}\frac{z}{z+2}&=\frac{z-1+1}{z-1+3}\\&=\frac{z-1}{(z-1)+3}+\frac{1}{(z-1)+3}=\frac{z-1}{3\left(1+\frac{z-1}{3}\right)}+\frac{1}{3\left(1+\frac{z-1}{3}\right)}\\&=\sum_{n=0}^{\infty}\frac{(-1)^n(z-1)^{n+1}}{3^{n+1}}+\sum_{n=0}^{\infty}\frac{(-1)^n(z-1)^n}{3^{n+1}}\\&=\frac{1}{3}+2\sum_{n=1}^{\infty}(-1)^{n+1}\frac{(z-1)^n}{3^{n+1}}\quad(|z-1|<3).\end{aligned}$$

4.4 洛朗级数

4.3 节主要说明了一个在以 z_0 为中心的圆域内解析的函数 $f(z)$，可以在该圆域内展开成 $z-z_0$ 的幂级数. 如果 $f(z)$ 在 z_0 处不解析，那么在 z_0 处的邻域内

就不能用 $z-z_0$ 的幂级数表示．但这种情况在实际问题中经常遇到．因此，本节将主要讨论函数在以 z_0 为中心的圆环域 $r<|z-z_0|<R$ 内的级数展开问题，并讨论它在积分计算中的应用．其中，r 可以为零，R 可以为 $+\infty$，称环域 $r<|z-z_0|<\infty$ 为**点 ∞ 邻域**.

4.4.1 解析函数的洛朗级数展开定理

1. 问题的引入

4.3 节考虑了幂次非负的幂级数：

$$\sum_{n=0}^{\infty} c_n(z-a)^n = c_0 + c_1(z-a) + c_2(z-a)^2 + \cdots + c_n(z-a)^n + \cdots.$$

对于一般的函数项级数，

$$\sum_{n=1}^{\infty} f_n(z) = f_1(z) + f_2(z) + \cdots + f_n(z) + \cdots,$$

从数学研究的角度，应该可以取具有负幂的 $f_n(z)$：

$$\sum_{n=1}^{\infty} c_{-n}(z-z_0)^{-n}.$$

考虑双边幂级数 $\sum_{n=-\infty}^{\infty} c_n(z-z_0)^n$，可将其拆分为负幂项部分 $\sum_{n=1}^{\infty} c_{-n}(z-z_0)^{-n}$ 和正幂项部分 $\sum_{n=0}^{\infty} c_n(z-z_0)^n$，即

$$\sum_{n=-\infty}^{\infty} c_n(z-z_0)^n = \sum_{n=1}^{\infty} c_{-n}(z-z_0)^{-n} + \sum_{n=0}^{\infty} c_n(z-z_0)^n, \tag{4.11}$$

其中，$\sum_{n=1}^{\infty} c_{-n}(z-z_0)^{-n}$ 称为主要部分，$\sum_{n=0}^{\infty} c_n(z-z_0)^n$ 称为解析部分.

整个双边幂级数收敛的必要条件是两部分级数同时收敛．考虑其主要部分，令 $\zeta=(z-z_0)^{-1}$，则

$$\sum_{n=1}^{\infty} c_{-n}(z-z_0)^{-n} = \sum_{n=1}^{\infty} c_{-n}\zeta^n,$$

若其收敛半径为 R，则收敛域

$$|z-z_0|^{-1} = |\zeta| < R \Leftrightarrow |z-z_0| > \frac{1}{R} = R_1.$$

考虑其解析部分，若其收敛半径为 R_2，则收敛域

$$|z-z_0| < R_2.$$

(1) 若 $R_1 > R_2$，则两收敛域无公共部分；

（2）若 $R_1 < R_2$，则两收敛域有公共部分 $R_1 < |z - z_0| < R_2$.

结论：双边幂级数 $\sum_{n=-\infty}^{\infty} c_n(z-z_0)^n$ 的收敛区域为圆环域 $R_1 < |z-z_0| < R_2$，如图 4－5、图 4－6 所示.

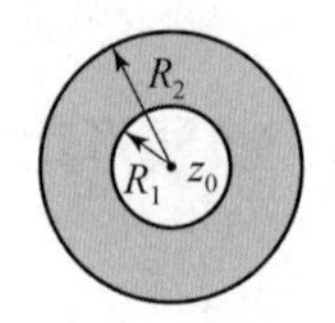

图 4－5　一般圆环域

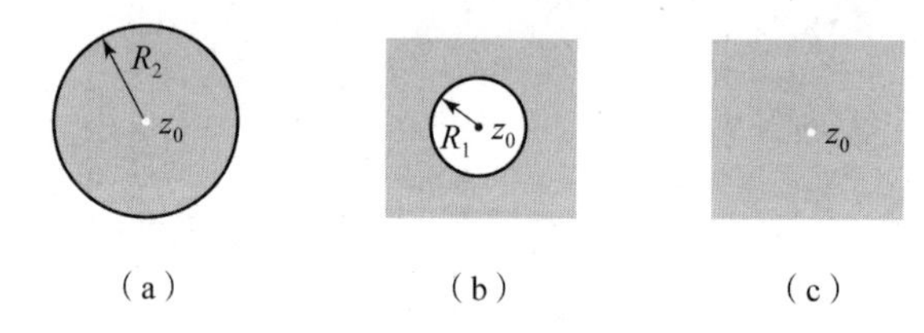

（a）　　（b）　　（c）

图 4－6　常见的特殊圆环域

（a）$0 < |z-z_0| < R_2$；（b）$R_1 < |z-z_0| < \infty$；（c）$0 < |z-z_0| < \infty$

2. 洛朗级数展开定理

定理 4.9（洛朗级数展开定理）

设函数 $f(z)$ 在圆环 D：$r < |z-z_0| < R$ 内解析，那么在 D 内有

$$f(z) = \sum_{n=-\infty}^{\infty} c_n(z-z_0)^n \quad (r < |z-z_0| < R). \tag{4.12}$$

该等式称为 $f(z)$ 在环域 D 的洛朗展开式，其右端级数称为 $f(z)$ 在该环域内的洛朗级数，其系数简称为洛朗系数，可表示为

$$c_n = \frac{1}{2\pi i}\int_{\gamma} \frac{f(\xi)}{(\xi - z_0)^{n+1}} d\xi \quad (n = 0, \pm 1, \pm 2, \cdots), \tag{4.13}$$

其中，γ 是圆 $|z-z_0| = \rho$，ρ 是一个满足 $r < \rho < R$ 的任何数.

证明：在圆环 D 内任意取一点 z，然后在 D 内作圆环 D'：$r_1 < |\xi - z_0| < R_1$，使得 $z \in D'$. 其中，$r < r_1 < R_1 < R$ 用 C_1 及 C_2 分别来表示圆 $|z-z_0| = r_1$ 及 $|z-z_0| = R_1$，如图 4－7 所示.

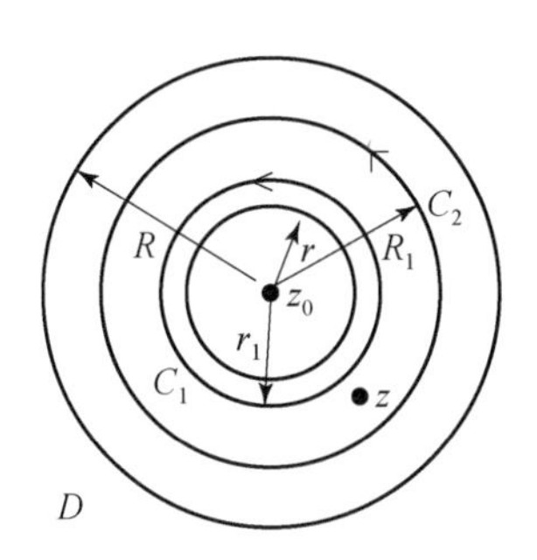

图 4－7　洛朗级数展开定理示意图

由于$f(z)$在闭圆环 $C_1^- \cup C_2$ 上解析，由柯西积分公式得

$$\begin{aligned} f(z) &= \frac{1}{2\pi i}\int_{C_2}\frac{f(\xi)}{\xi - z}d\xi + \frac{1}{2\pi i}\int_{C_1^-}\frac{f(\xi)}{\xi - z}d\xi \\ &= \frac{1}{2\pi i}\int_{C_2}\frac{f(\xi)}{\xi - z}d\xi - \frac{1}{2\pi i}\int_{C_1}\frac{f(\xi)}{\xi - z}d\xi \\ &= \frac{1}{2\pi i}\int_{C_2}\frac{f(\xi)}{\xi - z}d\xi + \frac{1}{2\pi i}\int_{C_1}\frac{f(\xi)}{z - \xi}d\xi \\ &= I_2 + I_1. \end{aligned}$$

由泰勒定理证明中引理 4.2 的式（1）可知，若$f(\xi)$在正向圆周 C_2：$|\xi - z_0| = R_1$ 上连续，如图 4－8 所示，则对该圆内一点 z 有

$$\int_{C_2}\frac{f(\xi)}{\xi - z}d\xi = \sum_{n=0}^{+\infty}\left(\int_{C_2}\frac{f(\xi)}{(\xi - z_0)^{n+1}}d\xi\right)(z - z_0)^n,$$

$$I_2 = \frac{1}{2\pi i}\int_{C_2}\frac{f(\xi)}{\xi - z}d\xi(\xi \in C_2) = \frac{1}{2\pi i}\sum_{k=0}^{+\infty}\left(\int_{C_2}\frac{f(\xi)}{(\xi - z_0)^{k+1}}d\xi\right)(z - z_0)^k.$$

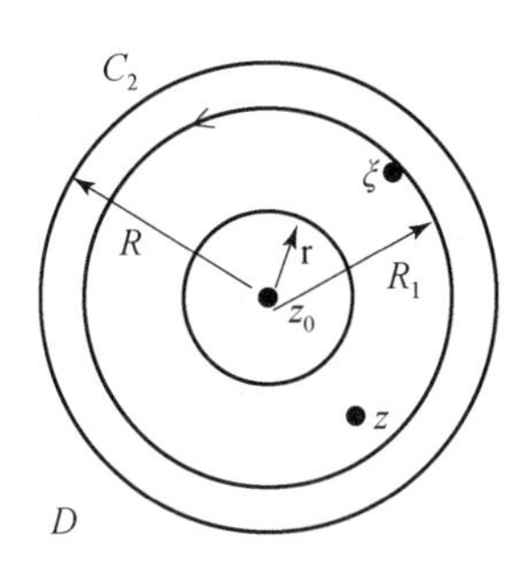

图 4－8　对圆内一点的分析

由泰勒定理证明中引理4.2的式（2）可知，若$f(\xi)$在正向圆周$C_1: |\xi - z_0| = r_1$上连续，如图4-9所示，则对该圆外一点z有

$$-\int_{C_1}\frac{f(\xi)}{\xi - z}\mathrm{d}\xi = \sum_{m=1}^{+\infty}\left[\int_{C_1}\frac{f(\xi)}{(\xi - z_0)^{-m+1}}\mathrm{d}\xi\right](z - z_0)^{-m},$$

$$I_1 = \frac{1}{2\pi\mathrm{i}}\int_{C_1}\frac{f(\xi)}{z - \xi}\mathrm{d}\xi(\xi \in C_1) = \frac{1}{2\pi\mathrm{i}}\sum_{k=1}^{+\infty}\left[\int_{C_1}\frac{f(\xi)}{(\xi - z_0)^{-k+1}}\mathrm{d}\xi\right](z - z_0)^{-k}$$

$$= \frac{1}{2\pi\mathrm{i}}\sum_{k=-\infty}^{-1}\left(\int_{C_1}\frac{f(\xi)}{(\xi - z_0)^{k+1}}\mathrm{d}\xi\right)(z - z_0)^{k}.$$

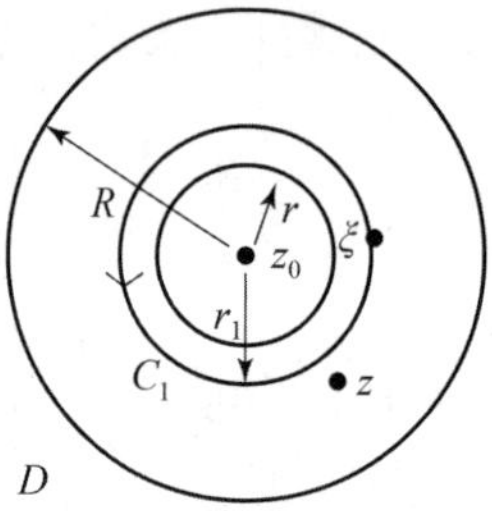

图4-9　对圆外一点的分析

由于$f(\xi)$在圆环$r < |\xi - z_0| < R$内解析，由复连通区域的柯西积分定理可知，图4-8和图4-9中的积分路径C_1和C_2可以改为圆γ，如图4-10所示，于是得到

$$f(z) = \frac{1}{2\pi\mathrm{i}}\sum_{k=-\infty}^{+\infty}\left(\int_{\gamma}\frac{f(\xi)}{(\xi - z_0)^{k+1}}\mathrm{d}\xi\right)(z - z_0)^{k}. \quad ■$$

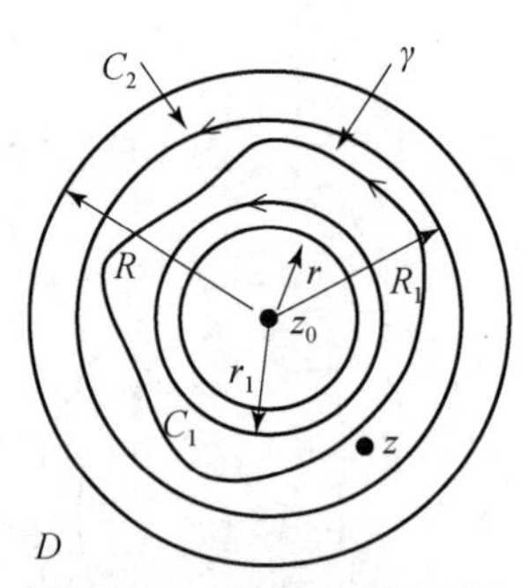

图4-10　积分路径示意图

注4.4　由于在圆所围区域可能有奇点，因此不能用柯西公式把系数记为

$$c_n = \frac{1}{n!}f^{(n)}(z_0) \quad (n = 0,1,2,\cdots).$$

4.4.2 洛朗级数的性质

与泰勒级数一样，洛朗级数在其收敛域内具有下面性质.

定理4.10

若函数$f(z)$在圆环$D:R_1<|z-z_0|<R_2$内解析，则该函数的洛朗展开式在D内处处绝对收敛，可以逐项微分和积分，其积分路径为D内的任何简单闭路，并且其展开式的系数是唯一的，即它的各项系数c_k一定可以表示为式(4.13)的形式.

证明：在洛朗展开式中分别设当$z\in D$时有正幂项部分$\sum\limits_{n=0}^{\infty}c_n(z-z_0)^n$和负幂项部分$\sum\limits_{n=1}^{\infty}c_{-n}(z-z_0)^{-n}$. 设$\eta=z-z_0$，$\zeta=1/\eta$，且定义两部分的和函数分别为

$$s_1(\eta)=\sum_{n=0}^{\infty}c_n\eta^n\quad(r<|\eta|<R),$$

$$s_2(\zeta)=\sum_{n=1}^{\infty}c_{-n}\zeta^n\quad\left(\frac{1}{R}<|\zeta|<\frac{1}{r}\right).$$

于是，由阿贝尔定理以及幂级数在收敛圆内的逐项微分和积分的性质，上式中两个正幂项级数在环域D内（即$r<|\zeta^{-1}|=|\eta|<R$）绝对收敛，即在环域D内该洛朗级数绝对收敛. 利用复合函数求导法，在D内有

$$\begin{aligned}f'(z)&=\frac{\mathrm{d}s_1}{\mathrm{d}z}+\frac{\mathrm{d}s_2}{\mathrm{d}z}\\&=\sum_{n=0}^{\infty}nc_n(z-z_0)^{n-1}+\sum_{m=-1}^{-\infty}mc_m(z-z_0)^{m-1}\\&=\sum_{n=-\infty}^{\infty}nc_n(z-z_0)^{n-1},\end{aligned}$$

即在环域D内洛朗展开式可以逐项微分.

对于D内的任意一条简单闭路C，若C的内部完全属于D，则洛朗级数两端各项在C上及其内部都解析，它们沿C的积分值均为零，显然沿C可以逐项积分. 因此，只需证明C在D内并且点z_0在C内部的情形. 由复闭路定理，各项沿正向简单闭路C的积分等于沿正向圆周$|z-z_0|=\gamma_0(r<\gamma_0<R)$的积分，从而

可设 C 为 $|z-z_0|=\gamma_0$；$A_0=|c_0|$，$A_n=|c_n|\gamma_0{}^n+|c_{-n}|\gamma_0{}^{-n}(n=1,2,\cdots)$.

由于洛朗级数在环域 D 内处处绝对收敛，因此级数

$$\sum_{n=0}^{\infty}A_n=A_0+A_1+\cdots+A_n+\cdots$$

收敛，且沿 C 有 $|c_n(z-z_0)^n+c_{-n}(z-z_0)^{-n}|\leqslant A_n(n=1,2,\cdots)$. 于是由引理 4.1，洛朗展开式沿 C 可以逐项积分，有

$$\begin{aligned}\oint_C f(z)\mathrm{d}z&=\oint_C c_0\mathrm{d}z+\sum_{n=1}^{\infty}\oint_C[c_n(z-z_0)^n+c_{-n}(z-z_0)^{-n}]\mathrm{d}z\\&=\sum_{n=-\infty}^{\infty}\oint_C c_n(z-z_0)^n\mathrm{d}z.\end{aligned}$$

另外，当洛朗展开式成立时，在该定理条件下对任意整数 m 同样有

$$\frac{f(z)}{2\pi\mathrm{i}(z-z_0)^{m+1}}=\sum_{n=-\infty}^{\infty}\frac{c_n}{2\pi\mathrm{i}}(z-z_0)^{n-m-1}\quad(r<|z-z_0|<R).$$

同理，沿上述圆周 C 也可以逐项积分得

$$\frac{1}{2\pi\mathrm{i}}\oint_C\frac{f(z)\mathrm{d}z}{(z-z_0)^{m+1}}=\sum_{n=-\infty}^{\infty}\frac{c_n}{2\pi\mathrm{i}}\oint_C\frac{(z-z_0)^n}{(z-z_0)^{m+1}}\mathrm{d}z=c_m,$$

其中，$m=0,\pm1,\pm2,\cdots$. 从而证明了洛朗展开式的唯一性. ■

4.4.3 函数的洛朗展开式

理论上，对于在某圆环域内解析的函数有两种洛朗级数展开方法，即直接展开法和间接展开法.

1. 直接展开法

利用定理公式计算系数 c_n，有

$$c_n=\frac{1}{2\pi\mathrm{i}}\oint_C\frac{f(\zeta)}{(\zeta-z_0)^{n+1}}\mathrm{d}\zeta\quad(n=0,\pm1,\pm2,\cdots),$$

然后计算出 $f(z)=\sum\limits_{n=-\infty}^{\infty}c_n(z-z_0)^n$.

这种方法在计算系数 c_n 时往往十分麻烦，因此只有在找不到更好方法时才会使用.

2. 间接展开法

根据解析函数洛朗展开式的**唯一性**，从已知初等函数的泰勒级数出发，利

用变量替换、泰勒级数和洛朗级数的逐项微分或者积分运算等，求得所给函数 $f(z)$ 在环域 D 的洛朗展开式. 这一方法是洛朗级数展开的常用数学方法.

下面给出几个例子具体说明.

例 4.6　求 $\dfrac{\sin z}{z}$ 及 $\dfrac{\sin z}{z^2}$ 在 $0<|z|<+\infty$ 内的洛朗展开式.

解： 此时用 $\sin z$ 的泰勒展开式：

$$\frac{\sin z}{z}=1-\frac{z^2}{3!}+\frac{z^4}{5!}-\cdots+\frac{(-1)^n z^{2n}}{(2n+1)!}+\cdots,$$

$$\frac{\sin z}{z^2}=\frac{1}{z}-\frac{z}{3!}+\frac{z^3}{5!}-\cdots+\frac{(-1)^n z^{2n-1}}{(2n+1)!}+\cdots.$$

例 4.7　在 $0<|z|<\infty$ 内，将 $f(z)=\dfrac{e^z}{z^2}$ 展开成洛朗级数.

解： 由已知函数 e^z 的展开式

$$e^z=1+z+\frac{z^2}{2!}+\frac{z^3}{3!}+\frac{z^4}{4!}+\cdots,$$

可以直接得到

$$\frac{e^z}{z^2}=\frac{1}{z^2}\left(1+z+\frac{z^2}{2!}+\frac{z^3}{3!}+\frac{z^4}{4!}+\cdots\right)$$

$$=\frac{1}{z^2}+\frac{1}{z}+\frac{1}{2!}+\frac{z}{3!}+\frac{z^2}{4!}+\cdots.$$

例 4.8　函数 $f(z)=\dfrac{1}{(z-1)(z-2)}$ 在如下圆环域内解析，把 $f(z)$ 在这些区域内展开成洛朗级数.

(1) $1<|z|<2$；

(2) $2<|z|<+\infty$.

解： $f(z)=\dfrac{1}{1-z}-\dfrac{1}{2-z}$,

(1) 在 $1<|z|<2$ 内，如图 4－11 所示，有

$$|z|>1\Rightarrow\left|\frac{1}{z}\right|<1,$$

$$|z|<2\Rightarrow\left|\frac{z}{2}\right|<1,$$

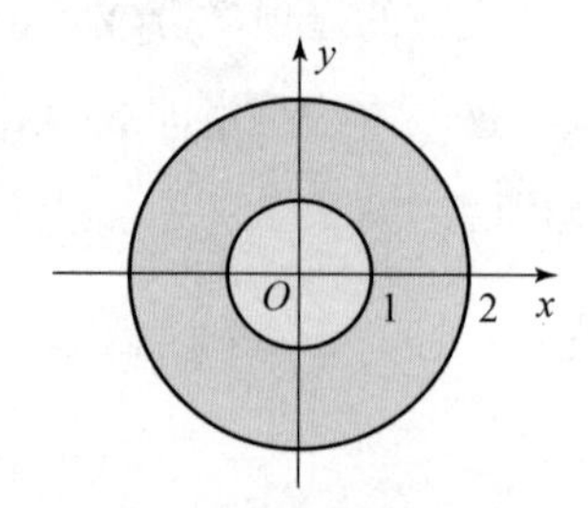

图 4-11　圆盘域示意图

$$\frac{1}{1-z}=-\frac{1}{z}\cdot\frac{1}{1-\frac{1}{z}}=-\frac{1}{z}\left(1+\frac{1}{z}+\frac{1}{z^2}+\cdots\right),$$

并且仍有

$$\frac{1}{2-z}=\frac{1}{2}\cdot\frac{1}{1-\frac{z}{2}}=\frac{1}{2}\left(1+\frac{z}{2}+\frac{z^2}{2^2}+\cdots+\frac{z^n}{2^n}+\cdots\right),$$

于是，有

$$\begin{aligned}f(z)&=-\frac{1}{z}\left(1+\frac{1}{z}+\frac{1}{z^2}+\cdots\right)-\frac{1}{2}\left(1+\frac{z}{2}+\frac{z^2}{2^2}+\cdots\right)\\&=\cdots-\frac{1}{z^n}-\frac{1}{z^{n-1}}-\cdots-\frac{1}{z}-\frac{1}{2}-\frac{z}{4}-\frac{z^2}{8}-\cdots.\end{aligned}$$

(2) 在 $2<|z|<\infty$ 内，如图 4-12 所示，由 $|z|>2\Rightarrow\left|\frac{2}{z}\right|<1$，此时

$$\frac{1}{2-z}=-\frac{1}{z}\cdot\frac{1}{1-\frac{2}{z}}=-\frac{1}{z}\left(1+\frac{2}{z}+\frac{4}{z^2}+\cdots\right).$$

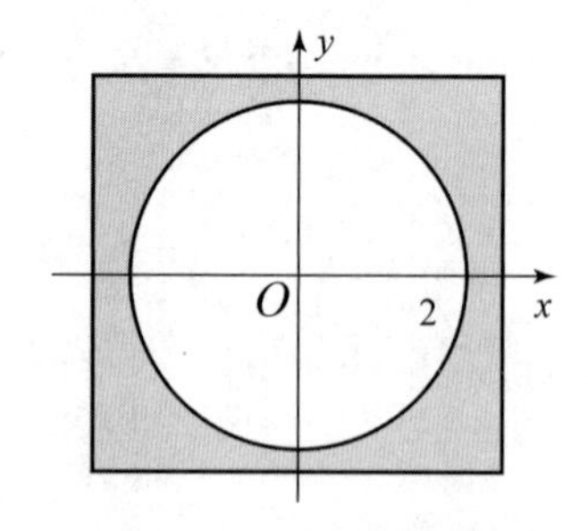

图 4-12　圆外示意图

此时$\left|\dfrac{1}{z}\right|<\left|\dfrac{2}{z}\right|<1$，仍有

$$\frac{1}{1-z}=-\frac{1}{z}\cdot\frac{1}{1-\dfrac{1}{z}}=-\frac{1}{z}\left(1+\frac{1}{z}+\frac{1}{z^2}+\cdots\right).$$

故

$$f(z)=\frac{1}{z}\left(1+\frac{2}{z}+\frac{4}{z^2}+\cdots\right)-\frac{1}{z}\left(1+\frac{1}{z}+\frac{1}{z^2}+\cdots\right)=\frac{1}{z^2}+\frac{3}{z^3}+\frac{7}{z^4}+\cdots.$$

上例说明，给定函数$f(z)$与复平面内的一点z_0以后，函数在各个不同的圆环域中有不同的洛朗展开式（包括泰勒展开式作为其特例）. 此处需注意，这与洛朗展开式的唯一性并不矛盾，唯一性是指函数在**某个给定**的圆环域内的洛朗展开式是唯一的.

例 4.9　分别将下列函数在指定点z_0的去心邻域内展开成洛朗级数.

（1）$\dfrac{\sin^2 z}{z^2}$，$z_0=0$；

（2）$(z-\mathrm{i})^2\cos\dfrac{2}{z-\mathrm{i}}$，$z_0=\mathrm{i}$；

（3）$2\cos^2\dfrac{1}{z+\mathrm{i}}$，$z_0=-\mathrm{i}$.

解：（1）利用三角公式$2\sin^2 z=1-\cos(2z)$和$\cos(2z)$的泰勒展开式可得，当$0<|2z|<\infty$时，有

$$\frac{\sin^2 z}{z^2}=\frac{1-\cos(2z)}{2z^2}=\frac{1}{2z^2}-\frac{1}{2z^2}\sum_{n=0}^{\infty}\frac{(-1)^n(2z)^{2n}}{(2n)!}.$$

化简得

$$\frac{\sin^2 z}{z^2}=\sum_{n=1}^{\infty}\frac{(-1)^{n+1}}{(2n)!}2^{2n-1}z^{2n-2}\quad(0<|z|<\infty),$$

该展开式不含负幂项.

（2）令$\xi=2/(z-\mathrm{i})$，利用$\cos\xi$的泰勒展开式可得

$$\begin{aligned}(z-\mathrm{i})^2\cos\frac{2}{z-\mathrm{i}}&=(z-\mathrm{i})^2\sum_{n=0}^{\infty}\frac{(-1)^n}{(2n)!}\left(\frac{2}{z-\mathrm{i}}\right)^{2n}\\&=\sum_{n=0}^{\infty}\frac{(-1)^n 4^n}{(2n)!}(z-\mathrm{i})^{-2n+2}\quad(0<|z-\mathrm{i}|<\infty),\end{aligned}$$

该展开式中含有无穷个负幂项.

(3) 令 $\xi=1/(z+\mathrm{i})$，利用三角公式 $2\cos^2\xi=1+\cos(2\xi)$，由函数 $\cos(2\xi)$ 的泰勒展开式可得

$$
\begin{aligned}
2\cos^2\frac{1}{z+\mathrm{i}} &= 1+2\cos\frac{2}{z+\mathrm{i}} \\
&= 1+\sum_{n=0}^{\infty}\frac{(-1)^n 4^n}{(2n)!}(z+\mathrm{i})^{-2n} \\
&= 2+\sum_{n=1}^{\infty}\frac{(-1)^n 4^n}{(2n)!}(z+\mathrm{i})^{-2n} \quad (0<|z+\mathrm{i}|<\infty).
\end{aligned}
$$

该展开式中也含有无穷个负幂项.

在本节最后，说明式（4.13）在计算**沿封闭路线积分**中的应用，旨在承前启后为下一章学习用留数计算积分打下基础.

在式（4.13）中，令 $n=-1$，得

$$
\oint_C f(z)\,\mathrm{d}z = 2\pi\mathrm{i}c_{-1}. \tag{4.14}
$$

其中，C 为圆环域 $r<|z-z_0|<R$ 内的任何一条简单闭曲线，$f(z)$ 在此圆环域内解析. 因此，计算积分可转化为求被积函数的洛朗展开式中 z 的负一次幂项的系数 c_{-1}，而此系数通常通过前述间接法得到.

下面给出几个例子具体说明.

例 4.10 计算积分

$$
I=\oint_{|z|=5}\ln\left(1+\frac{2}{z}\right)\mathrm{d}z.
$$

解： 先分析函数 $\ln(1+2/z)$ 的解析性. 显然它的奇点值满足 $1+2/z=x\leqslant 0$，其奇点构成了实轴上的区间 $[-2,0]$，因此它在环域 $2<|z|<\infty$ 内解析. 于是令 $\xi=2/z$，利用

$$
\ln(1+\xi)=\sum_{n=1}^{\infty}\frac{(-1)^n}{n+1}\xi^{n+1},\ |\xi|<1
$$

得它在环域 $2<|z|<\infty$ 内洛朗展开式：

$$
\ln\left(1+\frac{2}{z}\right)=\sum_{n=0}^{\infty}\frac{(-1)^n 2^{n+1}}{n+1}z^{-n-1}.
$$

于是取 $n=0$，得其积分值

$$
I=2\pi\mathrm{i}c_{-1}=4\pi\mathrm{i}.
$$

例 4.11 计算积分

$$I = \oint_{|z|=2} \frac{\cos(z^{10} + z^{8} + 10)}{(z^{2} + 1)^{2}} dz$$

解：被积函数为偶函数并且在环域 $|z| > 1$ 内解析，该函数在其内的洛朗展开式的奇次幂系数为零，所以

$$I = 2\pi i c_{-1} = 0.$$

例 4.12 试说明用什么方法将函数 $f(z) = \frac{e^{z}}{z(z^{2}+1)}$ 在圆环 $0 < |z| < 1$ 内展开成洛朗级数比较简便，并计算它沿正向圆周 $|z| = 1/2$ 的积分.

解：首先将函数 $\varphi(z) = \frac{e^{z}}{z^{2}+1}$ 在点 $z_0 = 0$ 进行泰勒级数展开（直接展开法），然后将等式两端同除以 z，显然，其负一次幂系数 $c_{-1} = \varphi(0)$，从而得

$$\oint_{|z|=\frac{1}{2}} f(z) dz = 2\pi i c_{-1} = 2\pi i.$$

用柯西积分公式计算上述积分更方便，即

$$\oint_{|k|=\frac{1}{2}} f(z) dz = \oint_{|k|=\frac{1}{2}} \frac{\varphi(z)}{z} dz = 2\pi i \varphi(0) = 2\pi i.$$

4.5 泰勒级数 PD 控制参数自整定中的应用*

本节将介绍泰勒级数展开在 PD 控制器参数整定中的应用. 在 PID 控制器参数整定中，通常基于单位阶跃响应，根据单位响应曲线的超调大小、振荡情况和响应速度等，依据经验调节控制器参数，直到单位阶跃响应曲线满足预期. 这种依据经验进行 PID 参数整定的方法需要大量的调参经验，而且很难从理论的层面进行指标和性能的分析. 接下来，介绍一种通过一阶泰勒近似的方法处理小延时系统，进行 PD 控制系统参数整定的方法.

考虑一个一阶低时延被控系统，其传递函数如下：

$$G_p(s) = \frac{K e^{-\tau s}}{Ts + 1}, \tag{4.15}$$

其中，K 是系统的增益，T 是时间常数，τ 是延时.

设计一种 PD 负反馈控制器，从而实现对被控对象的控制. PD 控制器的传递函数为

$$G_{\mathrm{k}}(s)=K_{\mathrm{d}}s+K_{\mathrm{p}}, \tag{4.16}$$

其中，K_{d} 和 K_{p} 是控制器参数．接下来，需要通过整定控制器参数，实现闭环控制系统稳定．闭环控制系统如图 4－13 所示．

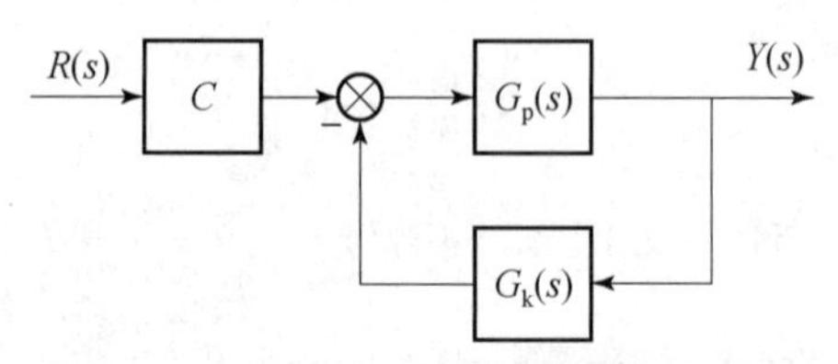

图 4－13　闭环控制系统传递函数示意图

由于延时环节的传递函数 $\mathrm{e}^{-\tau s}$ 不便于进行分析，因此采用泰勒级数展开，有

$$\mathrm{e}^{\tau s}=1+\tau s+\frac{\tau^2 s^2}{2!}+\cdots+\frac{\tau^n s^n}{n!}+\cdots. \tag{4.17}$$

选取一阶近似处理，有 $\mathrm{e}^{\tau s}=1+\tau s$．此时，被控对象的传递函数近似为

$$G_{\mathrm{p}}(s)=\frac{K}{(Ts+1)(1+\tau s)}. \tag{4.18}$$

此时，闭环控制系统的传递函数为

$$\begin{aligned} T(s)=\frac{Y(s)}{R(s)}&=\frac{CG_{\mathrm{p}}(s)}{1+G_{\mathrm{p}}(s)G_{\mathrm{k}}(s)} \\ &=\frac{\dfrac{CK}{T\tau}}{s^2+\dfrac{T+\tau+K_{\mathrm{d}}K}{T\tau}s+\dfrac{K_{\mathrm{p}}K+1}{T\tau}}. \end{aligned} \tag{4.19}$$

考虑一个期望的二阶闭环控制系统传递函数为

$$T_{\mathrm{E}}(s)=\frac{K_{\mathrm{E}}w_{\mathrm{n}}^2}{s^2+2\xi w_{\mathrm{n}}s+w_{\mathrm{n}}^2}, \tag{4.20}$$

其中，K_{E} 是期望的稳态增益，ξ 是阻尼比，w_{n} 是无阻尼自由振荡频率．使式（4.19）和式（4.20）相等，即实现了 PD 负反馈控制系统的传递函数达到设计要求，完成了参数整定．通过令对应参数相等，可以求解出：

$$K_{\mathrm{d}}=\frac{2\xi w_{\mathrm{n}}T\tau-T-\tau}{K},$$

$$K_{\mathrm{p}}=\frac{T\tau w_{\mathrm{n}}^2-1}{K},$$

$$C=\frac{K_{\mathrm{E}}w_{\mathrm{n}}^{2}T\tau}{K}.$$

4.6　本章习题

1. 判别下列复数列的收敛性，且当收敛时求出其极限，其中 $n\to\infty$.

（1）* $z_n=\dfrac{\cos n+\mathrm{i}\sin n}{(1+\mathrm{i})^n}$;

（2）* $z_n=\dfrac{\cos(n\mathrm{i})}{n}$;

（3）$z_n=\mathrm{e}^{n\mathrm{i}}$;

（4）$z_n=\mathrm{i}^n+\dfrac{1}{n}$.

2. 判别下列级数的绝对收敛和收敛性.

（1）* $\sum\limits_{n=1}^{\infty}\left(\dfrac{\mathrm{i}+n}{n}\right)^{10}$;

（2）* $\sum\limits_{n=0}^{\infty}\dfrac{(-1)^n+\mathrm{i}}{2^n}$;

（3）$\sum\limits_{n=1}^{\infty}\dfrac{\mathrm{i}^n\sin(n+1)}{n^2}$;

（4）$\sum\limits_{n=0}^{\infty}(1+\mathrm{i})^n$.

3. 求下列幂级数的收敛圆的中心和收敛半径.

（1）$\sum\limits_{n=1}^{\infty}\dfrac{\mathrm{i}}{n^2}z^n$;

（2）* $\sum\limits_{n=1}^{\infty}\dfrac{n}{2^n}(z-\mathrm{i})^n$;

（3）* $\sum\limits_{n=1}^{\infty}\dfrac{2^n}{n(n+1)}(z+\mathrm{i})^{2n}$;

（4）$\sum\limits_{n=0}^{\infty}z^{2n+1}$.

4. 将下列各函数展开为 z 的幂级数，并指出其收敛半径.

（1）$\dfrac{1}{1+z^3}$;

（2）$\dfrac{1}{(z-a)(z-b)}$　$(a\neq 0,b\neq 0)$；

（3）$\dfrac{1}{(1+z^2)^2}$；

（4）$e^{\frac{z}{z-1}}$.

5. 证明：如果$\lim\limits_{n\to\infty}\dfrac{c_{n+1}}{c_n}$存在（$\neq\infty$），下列三个幂级数有相同的收敛半径.

（1）$\sum c_n z^n$；（2）$\sum \dfrac{c_n}{n+1}z^{n+1}$；（3）$\sum nc_n z^{n-1}$.

6. 求下列函数在$z_0=0$的泰勒级数展开及其收敛半径.

（1）*$f(z)=\dfrac{z^{10}}{(1+z^2)^2}$；

（2）*$f(z)=\dfrac{z^{10}}{z^2-5z+6}$；

（3）*$f(z)=\dfrac{e^{z^2}}{\cos z^2}$；

（4）$f(z)=\ln\dfrac{1+z}{1-z}$；

（5）$f(z)=e^{1/(1-z)}$.

7. 求下列函数在给定点的泰勒级数展开及其收敛半径.

（1）*$f(z)=\dfrac{z}{z+i}$　$(z_0=i)$；

（2）$f(z)=(z-i)^5\cos z$　$(z_0=i)$；

（3）*$f(z)=\dfrac{4-z}{3-z}$　$(z_0=1+i)$；

（4）$f(z)=\tan z$　$\left(z_0=\dfrac{\pi}{4}\right)$；

（5）$f(z)=\left(\dfrac{z-i}{z}\right)^{10}$　$(z_0=i)$；

（6）*$f(z)=\ln(z^2-3z+2)$　$(z_0=-1)$；

（7）$f(z)=\dfrac{1}{4-3z}$　$(z_0=1+i)$；

（8）$f(z)=\arctan z$　$(z_0=0)$.

8. 求下列各函数在指定环域内的洛朗展开式.

(1) $f(z)=\dfrac{1}{(z^2+1)(z-2)}$, $1<|z|<2$;

(2) $f(z)=e^{\frac{1}{1-z}}$, $1<|z|<\infty$;

(3) $f(z)=\sin\dfrac{1}{1-z}$, 在 $z=1$ 的去心邻域内.

9. 求函数 $f(z)=1/[z(z+2)^2]$ 在下列环域内的洛朗展开式.

(1) $0<|z+2|<2$;

(2) $2<|z+2|<\infty$.

10*. 求下列函数在指定环域内的洛朗展开式, 并计算其沿正向圆周 $|z|=6$ 的积分值 I.

(1) $f(z)=\sin\dfrac{1}{1-z}$, $0<|z-1|<\infty$;

(2) $f(z)=\dfrac{1}{z(1+z)^6}$, $1<|z+1|<\infty$;

(3) $f(z)=2(z+\mathrm{i})^{19}\cos^2\dfrac{1}{z+\mathrm{i}}$, $|z+\mathrm{i}|<\infty$.

4.7 习题解答

1. (1) $|z_n|\to 0$; (2) $z_n\to\infty$ 发散; (3) 发散; (4) 发散.

2. (1) 通项的模 $|a_n|\to 1(n\to\infty)$, 发散; (2) 绝对收敛;

(3) 绝对收敛; (4) 发散.

3. (1) $z_0=0$, $R=1$; (2) $z_0=\mathrm{i}$, $R=2$;

(3) $z_0=-\mathrm{i}$, $R=\sqrt{2}/2$; (4) $z_0=0$, $R=1$.

4. (1) $1-z^3+z^6-\cdots$, $|z|<1$;

(2) 当 $a=b$ 时, 级数为 $\displaystyle\sum_{n=1}^{\infty}\frac{nz^{n-1}}{a^{n+1}}$, $|z|<|a|$;

当 $a\neq b$ 时, 级数为 $\displaystyle\frac{1}{b-a}\sum_{n=0}^{\infty}\left(\frac{1}{a^{n+1}}-\frac{1}{b^{n+1}}\right)z^n$, $|z|<\min\{|a|,|b|\}$;

(3) $1-2z^2+3z^4-4z^6+\cdots$, $|z|<1$;

(4) $1-z-\frac{1}{2!}z^2-\frac{1}{3!}z^3-\cdots,\quad |z|<1.$

5. 略

6. (1) $\sum_{n=0}^{\infty}(-1)^n(n+1)z^{2n+10}\quad (R=1)$;

(2) $\sum_{n=0}^{\infty}(2^{-n-1}-3^{-n-1}z^{n+10})\quad (R=2)$;

(3) $\sum_{n=0}^{\infty}\frac{(\sqrt{2})^n}{n!}\cos\frac{n\pi}{4}z^{2n}\quad (R=\infty)$;

(4) $2\sum_{n=0}^{\infty}\frac{z^{2n+1}}{2n+1}\quad (R=1)$;

(5) $\left(1+z+\frac{3}{2!}z^2+\frac{13}{3!}z^3+\cdots\right)\mathrm{e}\quad (R=1)$.

7. (1) $1-\mathrm{i}\sum_{n=0}^{\infty}\frac{(-1)^n}{(2\mathrm{i})^{n+1}}(z-\mathrm{i})^n=\frac{1}{2}-\sum_{n=1}^{\infty}\frac{\mathrm{i}^n}{2^{n+1}}(z-\mathrm{i})^n\quad (R=2)$;

(2) $\frac{1}{2}\sum_{n=0}^{\infty}\frac{(-\mathrm{i})^n(\mathrm{e}+(-1)^n\mathrm{e}^{-1})}{n!}(z-\mathrm{i})^{n+5}\quad (R=\infty)$;

(3) $\frac{3-\mathrm{i}}{2-\mathrm{i}}+\sum_{n=1}^{\infty}\frac{1}{(2-\mathrm{i})^{n+1}}(z-1-\mathrm{i})^n\quad (R=\sqrt{5})$;

(4) $1+2\left(z-\frac{\pi}{4}\right)+2\left(z-\frac{\pi}{4}\right)^2+\frac{8}{3}\left(z-\frac{\pi}{4}\right)^3+\cdots\quad \left(R=\frac{\pi}{4}\right)$;

(5) $-\sum_{n=0}^{\infty}\frac{\mathrm{i}^n(n+9)!}{9!n!}(z-\mathrm{i})^{n+10}\quad (R=1)$;

(6) $\ln 6-\sum_{n=1}^{\infty}\frac{1}{n}\left(\frac{1}{2^n}+\frac{1}{3^n}\right)(z+1)^n\quad (R=2)$;

(7) $\sum_{n=0}^{\infty}\frac{3^n}{(1-3\mathrm{i})^{n+1}}[z-(1+\mathrm{i})]^n\quad \left(R=\frac{\sqrt{10}}{3}\right)$;

(8) $z-\frac{z^3}{3}+\frac{z^5}{5}-\cdots\quad (R=1)$.

8. (1) $\frac{1}{5}\left(\cdots+\frac{2}{z^4}+\frac{1}{z^3}-\frac{2}{z^2}-\frac{1}{z}-\frac{1}{2}-\frac{z}{4}-\frac{z^2}{8}-\cdots\right)$;

(2) $1-\frac{1}{z}-\frac{1}{2!z^2}-\frac{1}{3!z^3}+\frac{1}{4!z^4}+\cdots$;

也可写为:

$$f(z)=1-\frac{1}{z}+\sum_{n=2}^{\infty}c_{-n}z^{-n}\text{，其中，}c_{-n}=-1+\sum_{k=1}^{n-1}\frac{(-1)^{k+1}}{(k+1)!}\binom{n-1}{k}$$

$(n=2,3,\cdots)$.

(3) $-\sum\limits_{n=0}^{\infty}\frac{(-1)^n}{(2n+1)!(z-1)^{2n+1}}$.

9. (1) $-\sum\limits_{n=0}^{\infty}2^{-n-1}(z+2)^{n-2}$；

(2) $\sum\limits_{n=0}^{\infty}2^n(z+2)^{-n-3}$.

10. (1) $\sum\limits_{n=0}^{\infty}\frac{(-1)^{n+1}}{(2n+1)!}(z-1)^{-2n-1}$，$I=-2\pi\mathrm{i}$；

(2) $\sum\limits_{n=0}^{\infty}(z+1)^{-n-7}$，$I=0$；

(3) $2(z+\mathrm{i})^{19}+\sum\limits_{n=1}^{\infty}\frac{(-1)^n4^n}{(2n)!}(z+\mathrm{i})^{-2n+19}$，$I=\frac{2\pi\mathrm{i}}{20!}4^{10}$.

第 5 章

留数及其应用

留数理论建立在复积分和复级数理论基础上，是解析函数特性的又一重要体现. 本章首先以第 4 章介绍的洛朗级数为工具，对解析函数的孤立奇点进行分类，再对解析函数在孤立奇点邻域内的性质进行研究. 在此基础上，本章引入留数的概念，介绍留数的几种计算方法和留数定理. 特别的，利用留数定理可以把计算解析函数沿闭路的积分转化为计算该函数在孤立奇点处的留数；并介绍如何利用留数定理计算一些定积分的反常积分，从而用复变函数理论方法解决某些用实变函数微积分方法难以解决的积分计算问题. 本章在最后将介绍留数在控制系统稳定性分析及控制系统响应计算中的应用，以更好地阐述留数方法在控制系统分析与设计中的重要价值.

5.1 函数孤立奇点及分类

定义 5.1

$f(z)$ 在 z_0 处不解析，但在 z_0 的某一个去心邻域 $0<|z-z_0|<\delta$ 内处处解析，则称 z_0 为 $f(z)$ 的孤立奇点.

在孤立奇点 $z=z_0$ 的去心邻域内，函数 $f(z)$ 可展开为洛朗级数

$$f(z)=\sum_{n=-\infty}^{\infty}C_n(z-z_0)^n.$$

其中，等式右侧的 $\sum_{n=0}^{\infty}C_n(z-z_0)^n$，即洛朗级数的非负次幂部分，表示 z_0 的邻

域 $|z-z_0|<\delta$ 内的解析函数，也即 $f(z)$ 的解析部分. 由此可得函数 $f(z)$ 在点 z_0 的奇异性质完全体现在洛朗级数的负次幂部分的式子 $\sum_{n=-\infty}^{-1} C_n(z-z_0)^n$，也即 $f(z)$ 的主要部分. 所以函数 $f(z)$ 在点 z_0 的奇异性质完全体现在洛朗级数的负次幂部分 $\sum_{n=-\infty}^{-1} C_n(z-z_0)^n$. 又由于当洛朗级数的主要部分只有有限个系数不为零时，函数的性态较为简单，所以我们可以根据洛朗展开式中主要部分的系数取零值的不同情况，将函数的孤立奇点进行如下分类.

(1) 可去奇点. 若对一切 $n<0$ 有 $C_n=0$，则称 z_0 是函数 $f(z)$ 的可去奇点. 这是因为，令 $f(z_0)=C_0$，就可得到在整个圆盘 $|z-z_0|<\delta$ 内解析的函数 $f(z)$.

(2) 极点. 如果只有有限个（至少一个）整数 $n<0$，使得 $C_n\neq 0$，那么我们说 z_0 是函数 $f(z)$ 的极点. 设对于正整数 m，$C_{-m}\neq 0$；而当 $n<-m$ 时，$C_n=0$. 那么我们就说 z_0 是 $f(z)$ 的 m 阶极点. 一阶极点称为简单极点.

(3) 本性奇点. 如果有无限个整数 $n<0$，使得 $C_n\neq 0$，那么我们说 z_0 是 $f(z)$ 的本性奇点.

例如，0 是 $\frac{\sin z}{z}$ 的可去奇点、是 $\frac{\sin z}{z^2}$ 的简单极点、是 $e^{\frac{1}{3}}$ 的本性奇点.

以下从函数的性态来刻画各类奇点的特征.

定理 5.1

设函数 $f(z)$ 在 $0<|z-z_0|<\delta(0<\delta\leqslant+\infty)$ 内解析，那么 z_0 是 $f(z)$ 的可去奇点的充分必要条件是存在极限 $\lim_{z\to z_0} f(z)=C_0\neq\infty$.

证明：必要性. 由 z_0 是 $f(z)$ 的可去奇点，故在 $0<|z-z_0|<\delta$ 内，有

$$f(z)=C_0+C_1(z-z_0)+\cdots+C_n(z-z_0)^n+\cdots.$$

因为上式右边幂级数的收敛半径至少是 δ，所以它的和函数在 $|z-z_0|<\delta$ 内解析. 于是，有 $\lim_{z\to z_0} f(z)=C_0$.

充分性. 设在 $0<|z-z_0|<\delta$ 内，$f(z)$ 的洛朗级数

$$f(z)=\sum_{n=-\infty}^{\infty} C_n(z-z_0)^n,$$

$$C_n = \frac{1}{2\pi i}\oint_{|z-z_0|=\delta} \frac{f(\zeta)}{(\zeta - z_0)^{n+1}}d\zeta \quad (0<\delta<R, n=0, \pm1, \pm2, \cdots).$$

由于当 $z\to z_0$ 时，$f(z)$ 有极限，故存在正数 $r(r\leqslant R)$ 及 M 使在 $0<|z-z_0|\leqslant r$ 内有 $|f(z)|\leqslant M$，则 $|C_n|\leqslant\frac{M}{\delta^n}(n=0, \pm1, \pm2, \cdots; 0<\delta\leqslant r)$.

当 $n<0$ 时，令 $\delta\to0$，即得 $C_n=0$. 因此 z_0 是 $f(z)$ 的可去奇点. 由此可见，若补充定义 $f(z)$ 在 z_0 的值为 $f(z_0)=C_0$，则 $f(z)$ 在 z_0 处解析. 因此，可去奇点的奇异性是可以除去的. 接下来，分析定理 5.1 的证明中关于充分性的证明. 实际上，只用到 $f(z)$ 在 z_0 的邻域内为有界的条件. 从 $f(z)$ 在 z_0 的邻域内为有界，可推出 z_0 是 $f(z)$ 的可去奇点. 关于必要性的证明中，从 z_0 为 $f(z)$ 的可去奇点推出 $f(z)$ 在 z_0 有有限极限，自然 $f(z)$ 在 z_0 的邻域内是有界的. ■

因此有下面的结论.

定理 5.2

设 z_0 是 $f(z)$ 的一孤立奇点，则 z_0 是 $f(z)$ 的可去奇点的充分必要条件是 $f(z)$ 在 z_0 的一个邻域内为有界.

接下来，研究极点的特征. 设函数 $f(z)$ 在 $0<|z-z_0|<\delta$ 内解析，且 z_0 是 $f(z)$ 的 $m(m\geqslant1)$ 阶极点，那么在 $0<|z-z_0|<\delta$ 内，$f(z)$ 有洛朗展开式：

$$f(z)=\frac{C_{-m}}{(z-z_0)^m}+\frac{C_{-m+1}}{(z-z_0)^{m-1}}+\cdots+\frac{C_{-1}}{z-z_0}+C_0+C_1(z-z_0)+\cdots+C_n(z-z_0)^n+\cdots.$$

在这里 $C_{-m}\neq0$，于是在 $0<|z-z_0|<\delta$ 内，

$$\begin{aligned} f(z) &= \frac{1}{(z-z_0)^m}[C_{-m}+C_{-m+1}(z-z_0)+\cdots+C_0(z-z_0)^m+\cdots+C_n(z-z_0)^{n+m}+\cdots] \\ &= \frac{1}{(z-z_0)^m}\varphi(z). \end{aligned} \tag{5.1}$$

在这里 $\varphi(z)$ 是一个在 $|z-z_0|<\delta$ 内解析的函数，并且 $\varphi(z_0)\neq0$. 反之，如果函数 $f(z)$ 在 $0<|z-z_0|<\delta$ 内可以表示成形如式（5.1）右边的式子，而 $\varphi(z)$ 是在 $|z-z_0|<\delta$ 内解析的函数，并且 $\varphi(z_0)\neq0(\varphi(z_0)=C_{-m})$，那么可推出：$z_0$ 是 $f(z)$ 的 m 阶极点. 因此，z_0 是 $f(z)$ 的 m 阶极点的充要条件是

$$f(z)=\frac{1}{(z-z_0)^m}\varphi(z),$$

其中，$\varphi(z)$ 在 z_0 处解析且 $\varphi(z_0)\neq 0$.

由上式可以证明：

定理 5.3

设函数 $f(z)$ 在 $0<|z-z_0|<\delta(0<\delta\leqslant+\infty)$ 内解析，那么 z_0 是 $f(z)$ 的极点的充分必要条件是 $\lim\limits_{z\to z_0}f(z)=\infty$；$z_0$ 是 $f(z)$ 的 m 阶极点的充分必要条件是 $\lim\limits_{z\to z_0}(z-z_0)^m f(z)=C_{-m}$，在这里 m 是一个正整数，C_{-m} 是一个不等于 0 的复常数.

定理 5.1 及定理 5.2 的充要条件分别是存在有限或无穷的极限. 结合这两个定理，我们有：

定理 5.4

设函数 $f(z)$ 在 $0<|z-z_0|<\delta(0<\delta\leqslant+\infty)$ 内解析，那么 z_0 是 $f(z)$ 的本性奇点的充分必要条件是 $\lim\limits_{z\to z_0}f(z)\neq C_0$（有限数）且不等于 ∞，即 $\lim\limits_{z\to z_0}f(z)$ 不存在.

定义 5.2

若 $f(z)=(z-z_0)^m\varphi(z)$，$\varphi(z)$ 在 z_0 处解析，且 $\varphi(z_0)\neq 0$，m 为某一正整数，那么称 z_0 为 $f(z)$ 的 m 阶零点.

定理 5.5

若 $f(z)$ 在 z_0 解析，那么 z_0 为 $f(z)$ 的 m 阶零点的充要条件是

$$f^{(n)}(z_0)=0\quad(n=0,1,2,\cdots,m-1);\ f^{(m)}(z_0)\neq 0. \tag{5.2}$$

证明：若 z_0 是 $f(z)$ 的 m 阶零点，那么 $f(z)$ 可表示为

$$f(z)=(z-z_0)^m\varphi(z).$$

设 $\varphi(z)$ 在 z_0 的泰勒展开式为

$$\varphi(z)=C_0+C_1(z-z_0)+C_2(z-z_0)^2+\cdots,$$

其中，$C_0=\varphi(z_0)\neq 0$. 从而 $f(z)$ 在 z_0 的泰勒展开式为

$$f(z)=C_0(z-z_0)^m+C_1(z-z_0)^{m+1}+C_2(z-z_0)^{m+2}+\cdots.$$

这个式子说明，$f(z)$ 在 z_0 的泰勒展开式的前 m 项系数都为零. 由泰勒级数的系数公式可知，这时 $f^{(n)}(z_0)=0(n=0,1,2,\cdots,m-1)$，而 $\dfrac{f^{(m)}(z_0)}{m!}=C_0\neq 0$. 这就证明了定义 5.2 中 z_0 为 $f(z)$ 的 m 阶零点的必要条件. 其充分条件请读者自己证明.

■

例 5.1 已知 $z=1$ 是 $f(z)=z^3-1$ 的零点. 由于 $f'(1)=3z^2|_{z=1}=3\neq 0$，从而知 $z=1$ 是 $f(z)$ 的一阶零点. 顺便指出，由于 $f(z)=(z-z_0)^m\varphi(z)$ 中的 $\varphi(z)$ 在 z_0 处解析，且 $\varphi(z_0)\neq 0$，因而它在 z_0 的邻域内不为 0. 所以 $f(z)=(z-z_0)^m\varphi(z)$ 在 z_0 的去心邻域内不为零，只在 z_0 处为零. 也就是说，一个不恒为零的解析函数的零点是孤立的.

函数的零点与极点有下面的关系：

定理 5.6

如果 z_0 是 $f(z)$ 的 m 阶极点，那么 z_0 是 $\dfrac{1}{f(z)}$ 的 m 阶零点（将可去奇点当作解析点看待）. 反之亦然.

证明：若 z_0 是 $f(z)$ 的 m 阶极点. 根据式（5.1），便有

$$f(z)=\frac{1}{(z-z_0)^m}\varphi(z),$$

其中，$\varphi(z)$ 在 z_0 处解析，且 $\varphi(z_0)\neq 0$. 所以当 $z\neq z_0$ 时，有

$$\frac{1}{f(z)}=(z-z_0)^m\frac{1}{\varphi(z)}=(z-z_0)^m\psi(z).$$

函数 $\psi(z)$ 也在 z_0 处解析，且 $\psi(z_0)\neq 0$. 由于 $\lim\limits_{z\to z_0}\dfrac{1}{f(z)}=0$，因此，只要令 $\dfrac{1}{f(z_0)}=0$，那么由定理 5.3 知 z_0 是 $\dfrac{1}{f(z)}$ 的 m 阶零点. 反之，如果 z_0 是 $\dfrac{1}{f(z)}$ 的 m

阶零点，那么

$$\frac{1}{f(z)}=(z-z_0)^m g(z),$$

其中，$g(z)$ 在 z_0 处解析，并且 $g(z_0)\neq 0$. 由此，当 $z\neq z_0$ 时，得

$$f(z)=\frac{1}{(z-z_0)^m}h(z).$$

而 $h(z)=\dfrac{1}{g(z)}$ 在 z_0 解析，并且 $h(z_0)\neq 0$，所以 z_0 是 $f(z)$ 的 m 阶极点. 这个定理为判断函数的极点提供了一个较为简便的方法. ■

在考虑解析函数的孤立奇点时把无穷远点放进去，这会方便很多. 为此，我们将无穷远点定义为孤立奇点.

定义 5.3

设函数 $f(z)$ 在无穷远点的邻域 $R<|z|<+\infty$（相当于有限点的去心邻域）内为解析，则无穷远点就称为 $f(z)$ 的孤立奇点. 在 $R<|z|<+\infty$ 内，$f(z)$ 有洛朗展开式

$$f(z)=\sum_{n=-\infty}^{\infty}C_n z^n \quad (R<|z|<+\infty), \tag{5.3}$$

其中，$C_n=\dfrac{1}{2\pi i}\oint_{|\zeta|=\rho}\dfrac{f(\zeta)}{\zeta^{n+1}}d\zeta \quad (\rho>R,\quad n=0,\pm1,\pm2,\cdots)$.

令 $z=\dfrac{1}{w}$，按照 $R>0$ 或 $R=0$，可得在 $0<|w|<\dfrac{1}{R}$ 或 $0<|w|<+\infty$ 内解析的函数 $\varphi(w)=f\left(\dfrac{1}{w}\right)$. 由于 $\varphi(w)$ 在 $w=0$ 没有定义，故 $w=0$ 是 $\varphi(w)$ 的孤立奇点. 将 $\varphi(w)$ 在 $0<|w|<\dfrac{1}{R}$ 展开为洛朗级数

$$\varphi(w)=\sum_{n=-\infty}^{\infty}b_n w^n,$$

然后用 $w=\dfrac{1}{z}$ 代入式（5.3），得到

$$f(z)=\sum_{n=-\infty}^{\infty}b_n z^{-n} \quad (R<|z|<+\infty). \tag{5.4}$$

由洛朗级数展开的唯一性可知，必有

$$C_n = b_{-n} \quad (n = 0, \pm 1, \pm 2, \cdots).$$

利用倒数变换，将无穷远点变为坐标原点，这是一般处理无穷远点作为孤立奇点的方法，它也具有更广泛的意义（如在共形映射中也可以这样处理）．接下来，分别根据 $w=0$ 是函数 $\varphi(w)$ 的可去奇点、m 阶极点或本性奇点，定义 $z=\infty$ 是函数 $f(z)$ 的可去奇点、m 阶极点或本性奇点．

（1）在洛朗展开式中，如果当 $n=1,2,\cdots$ 时，有 $C_n=0$，那么 $z=\infty$ 是函数 $f(z)$ 的可去奇点．

（2）在洛朗展开式中，如果只有有限个（至少一个）整数 $n>0$，使得 $C_n \neq 0$，那么 $z=\infty$ 是函数 $f(z)$ 的极点．设对于正整数 m 有 $C_m \neq 0$，当 $n>m$ 时有 $C_n=0$，那么 $z=\infty$ 是 $f(z)$ 的 m 阶极点．

（3）在洛朗展开式中，如果有无穷个整数 $n>0$，使得 $C_n \neq 0$，那么 $z=\infty$ 是函数 $f(z)$ 的本性奇点．

与有限点的情形相反，无穷远点作为函数的孤立奇点时，它的分类是以函数在无穷远点邻域的洛朗展开中正次幂的系数取零值的多少作为依据的．

正因为这样，对于洛朗展开式，我们称 $\sum\limits_{n=-\infty}^{0} C_n z^n$ 为解析部分，而称 $\sum\limits_{n=1}^{\infty} C_n z^n$ 为主要部分．定理 5.1 ~ 定理 5.3 都可立即转移到无穷远点的情形．例如，可有如下定理：

定理 5.7

设函数 $f(z)$ 在区域 $R<|z|<+\infty(R \geqslant 0)$ 内解析，那么 $z=\infty$ 是 $f(z)$ 的可去奇点、极点或本性奇点的充分必要条件分别是 $\lim\limits_{i \to \infty} f(z) = C_0 \neq \infty$、$\lim\limits_{z \to \infty} f(z) = \infty$ 或 $\lim\limits_{z \to x} f(z)$ 不存在（即当 $z \to \infty$ 时，$f(z)$ 不趋向于任何（有限或无穷）极限）．

5.2 留数与留数定理

5.2.1 留数的定义

若函数 $f(z)$ 在点 a 是解析的，周线 C 全在点 a 的某邻域内，并包围点 a，

则根据柯西积分定理，有

$$\oint_C f(z)\,\mathrm{d}z = 0. \tag{5.5}$$

但是，如果 a 是 $f(z)$ 的一个孤立奇点，且周线 C 全在 a 的某个去心邻域内，并包围点 a，则积分 $\oint_C f(z)\,\mathrm{d}z$ 的值通常不再为零．利用洛朗系数公式可以很容易计算出它的值来．概括起来，我们可得到

定义 5.4

设函数 $f(z)$ 以有限点 a 为孤立奇点，即 $f(z)$ 在点 a 的某去心邻域 $0<|z-a|<R$ 内解析，则称积分 $\frac{1}{2\pi\mathrm{i}}\oint_\Gamma f(z)\,\mathrm{d}z\,(\Gamma:|z-a|=\rho,\ 0<\rho<R)$ 为 $f(z)$ 在点 a 的留数，记为 $\mathrm{Res}\,f(z)$．由柯西积分定理可知，当 $0<\rho<R$ 时，留数的值与 ρ 无关，利用洛朗系数公式，有

$$\frac{1}{2\pi\mathrm{i}}\oint_\Gamma f(z)\,\mathrm{d}z = c_{-1},$$

$$\mathrm{Res}[f(z),-a] = c_{-1}.$$

即这里 c_{-1} 是 $f(z)$ 在 $z=a$ 处的洛朗展开式中 $\frac{1}{z-a}$ 这一项的系数．由此可知，函数在有限可去奇点处的留数为零．

留数的概念可以推广到无穷远点的情形．

定义 5.5

设 ∞ 为函数 $f(z)$ 的一个孤立奇点，即 $f(z)$ 在去心邻域 $N-\{\infty\}:0\leqslant r<|z|<+\infty$ 内解析，则称

$$\frac{1}{2\pi\mathrm{i}}\oint_{\Gamma^-} f(z)\,\mathrm{d}z \quad (\Gamma:|z|=\rho>r) \tag{5.6}$$

为 $f(z)$ 在点 ∞ 的留数，记为 $\mathrm{Res}\,f(z)$，这里 Γ^- 是指顺时针方向（这个方向可看作绕无穷远点的正向）．设 $f(z)$ 在 $0\leqslant r<|z|<+\infty$ 内的洛朗展开式为

$$f(z) = \cdots + \frac{c_{-n}}{z^n} + \cdots + \frac{c_{-1}}{z} + c_0 + c_1 z + \cdots + c_n z^n + \cdots,$$

由逐项积分定理，即知

$$\mathrm{Res}[f(z),\infty] = \frac{1}{2\pi\mathrm{i}}\oint_{\Gamma^-} f(z)\,\mathrm{d}z = -c_{-1},$$

也就是说，$\mathrm{Res}\,f(z)$ 等于 $f(z)$ 在点 ∞ 的洛朗展开式中 $\frac{1}{z}$ 这一项的系数反号.

定理 5.8

如果函数 $f(z)$ 在扩充 z 平面上只有有限个孤立奇点（包括无穷远点在内），设为 $a_1,a_2,\cdots,a_n,\infty$，则 $f(z)$ 在各点的留数总和为零.

证明：以原点为中心作圆周 Γ，使 $a_1,a_2,\cdots,a_n$ 皆包含于 Γ 的内部，则由留数定理得

$$\oint_{\Gamma} f(z)\,\mathrm{d}z = 2\pi\mathrm{i}\sum_{k=1}^{n}\mathrm{Res}[f(z),a_k],$$

将两边除以 $2\pi\mathrm{i}$，并移项即得

$$\sum_{k=1}^{n}\mathrm{Res}[f(z),a_k] + \frac{1}{2\pi\mathrm{i}}\oint_{\Gamma^-} f(z)\,\mathrm{d}z = 0,$$

亦即

$$\sum_{k=1}^{n}\mathrm{Res}[f(z),a_k] + \mathrm{Res}[f(z),\infty] = 0.$$

要特别注意的是，虽然在 $f(z)$ 的有限可去奇点 a 处，必有 $\mathrm{Res}_{z=a} f(z)=0$，但如果点 ∞ 为 $f(z)$ 的可去奇点（或解析点），则 $\mathrm{Res}_{z=\infty} f(z)$ 可以不是零. 例如，$f(z)=2+\frac{1}{z}$ 以 $z=\infty$ 为可去奇点，但 $\mathrm{Res}_{z=\infty} f(z)=-1$. 下面，引入计算留数 $\mathrm{Res}\,f(z)$ 的另一公式. 令

$$t=\frac{1}{z},$$

于是

$$\varphi(t)=f\left(\frac{1}{t}\right)=f(z),$$

且 z 平面上无穷远点的去心邻域 $N-\{\infty\}: 0\leqslant r<|z|<+\infty$ 变成 t 平面上原点的去心邻域 $K-\{0\}: 0<|t|<\frac{1}{r}$（若 $r=0$，则规定 $\frac{1}{r}=+\infty$）；圆周 Γ: $|z|=$

$\rho > r$ 变成圆周 $\gamma: |t| = \lambda = \frac{1}{\rho} < \frac{1}{r}$. 从而易证

$$\frac{1}{2\pi i}\oint_{\Gamma^-} f(z)\,dz = -\frac{1}{2\pi i}\oint_{\gamma} f\left(\frac{1}{t}\right)\cdot\frac{1}{t^2}dt\,.$$

所以,

$$\mathrm{Res}[f(z),\infty] = -\mathrm{Res}\left[f\left(\frac{1}{t}\right)\frac{1}{t^2},0\right].$$ ■

5.2.2　留数定理

定理 5.9（柯西留数定理）

$f(z)$ 在周线或复周线 C 所围的区域 D 内，除 $a_1,a_2,\cdots,a_n$ 外解析，在闭域 $\bar{D}=D+C$ 上除 $a_1,a_2,\cdots,a_n$ 外连续，则（“大范围”积分）

$$\oint_C f(z)\,dz = 2\pi i\sum_{k=1}^{n}\mathrm{Res}[f(z),a_k]. \tag{5.7}$$

证明：以 a_k 为心，充分小的正数 ρ_k 为半径画圆周 $\Gamma_k: |z-a_k| = \rho_k(k=1,2,\cdots,n)$，使这些圆周及其内部均含于 D，并且彼此互相隔离. 应用复周线的柯西积分定理，得

$$\oint_C f(z)\,dz = \sum_{k=1}^{n}\oint_{\Gamma_k} f(z)\,dz. \tag{5.8}$$

由留数的定义，有

$$\oint_{\Gamma_k} f(z)\,dz = 2\pi i\mathrm{Res}[f(z),a_k]. \tag{5.9}$$

将式（5.9）代入式（5.8），即知定理为真. ■

5.2.3　留数的求法

在应用留数定理求周线积分之前，首先应掌握求留数的方法. 由于计算在孤立奇点 a 的留数时，只关心其洛朗展开式中的$\frac{1}{z-a}$这一项的系数，因此一般应用洛朗展开式求留数. 下面的定理是求 n 阶极点处留数的公式，省去在每求一个极点处的留数，都要去求一次洛朗展开式. 不过这个公式对于阶数过高（如超过三阶）的极点，计算起来也未必简单.

定理 5.10

设 a 为 $f(z)$ 的 n 阶极点，

$$f(z)=\frac{\varphi(z)}{(z-a)^n},$$

其中，$\varphi(z)$ 在点 a 处解析，$\varphi(a)\neq 0$，则

$$\text{Res}[f(z),a]=\frac{\varphi^{(n-1)}(a)}{(n-1)!}.$$

这里符号 $\varphi^{(0)}(a)$ 代表 $\varphi(a)$，且有 $\varphi^{(n-1)}(a)=\lim\limits_{z\to a}\varphi^{(n-1)}(z)$.

证明：

$$\text{Res}[f(z),a]=\frac{1}{2\pi \text{i}}\oint_{\Gamma}\frac{\varphi(z)}{(z-a)^n}\text{d}z=\frac{\varphi^{(n-1)}(a)}{(n-1)!}.$$ ■

推论 5.1

设 a 为 $f(z)$ 的一阶极点，

$$\varphi(z)=(z-a)f(z),$$

则

$$\text{Res}[f(z),a]=\varphi(a).$$

推论 5.2

设 a 为 $f(z)$ 的二阶极点，

$$\varphi(z)=(z-a)^2f(z),$$

则

$$\text{Res}[f(z),a]=\varphi'(a).$$

定理 5.11

设 a 为 $f(z)=\dfrac{\varphi(z)}{\psi(z)}$ 的一阶极点（只要 $\varphi(z)$ 及 $\psi(z)$ 在点 a 解析，且 $\varphi(a)\neq 0$，$\psi(a)=0$，$\psi'(a)\neq 0$），则

$$\text{Res}[f(z),a]=\frac{\varphi(a)}{\psi'(a)}.$$

证明：因为 a 为 $f(z)=\dfrac{\varphi(z)}{\psi(z)}$ 的一阶极点，故

$$\mathrm{Res}[f(z),a]=\lim_{z\to a}\frac{\varphi(z)}{\psi(z)}(z-a)=\lim_{z\to a}\frac{\varphi(z)}{\dfrac{\psi(z)-\psi(a)}{z-a}}$$

$$=\frac{\varphi(a)}{\psi'(a)}. \tag{5.10}$$

■

5.3　留数在定积分运算中的应用

5.3.1　$\int_0^{2\pi} f(\cos\theta,\sin\theta)\mathrm{d}\theta$ 型积分

在 $\int_0^{2\pi} f(\cos\theta,\sin\theta)\mathrm{d}\theta$ 型积分中，$f(\cos\theta,\sin\theta)$ 表示 $\cos\theta,\sin\theta$ 的有理函数，并且其在 $[0,2\pi]$ 上连续. 如果令 $z=\mathrm{e}^{\mathrm{i}\theta}$，则转化可得

$$\cos\theta=\frac{z+z^{-1}}{2},\quad \sin\theta=\frac{z-z^{-1}}{2\mathrm{i}},\quad \mathrm{d}\theta=\frac{\mathrm{d}z}{\mathrm{i}z},$$

当 θ 由 0 变化到 2π 时，z 相应的沿圆周 $|z|=1$ 的正方向（顺时针）绕行一周. 由此，有以下等式关系：

$$\int_0^{2\pi} f(\cos\theta,\sin\theta)\mathrm{d}\theta=\int_{|z|=1} f\left(\frac{z+z^{-1}}{2},\frac{z-z^{-1}}{2\mathrm{i}}\right)\frac{\mathrm{d}z}{\mathrm{i}z},$$

该式右端是 z 的有理函数的周线积分，并且积分路径上无奇点，应用留数定理即可求得其值.

注 5.1　这里的关键一步是引进变量代换 $z=\mathrm{e}^{\mathrm{i}\theta}$，至于被积函数 $f(\cos\theta,\sin\theta)$ 在 $[0,2\pi]$ 上的连续性可不必先检验，只要看变换后的被积函数在 $|z|=1$ 上是否有奇点.

例 5.2　计算积分

$$I=\int_0^{2\pi}\frac{\mathrm{d}\theta}{1-2p\cos\theta+p^2}\quad (0\leqslant|p|<1).$$

解：令 $z=\mathrm{e}^{\mathrm{i}\theta}$，则 $\mathrm{d}\theta=\dfrac{\mathrm{d}z}{\mathrm{i}z}$. 当 $p\neq0$ 时，

$$1-2p\cos\theta+p^2=1-p(z+z^{-1})+p^2=\frac{(z-p)(1-pz)}{z}.$$

这样就有 $I=\frac{1}{\mathrm{i}}\int_{|z|=1}\frac{\mathrm{d}z}{(z-p)(1-pz)}$，且在圆 $|z|<1$ 内，

$$f(z)=\frac{1}{(z-p)(1-pz)}$$

只以 $z=p$ 为一阶极点，在 $|z|=1$ 上无奇点. 依公式，有

$$\mathrm{Res}[f(z),p]=\left.\frac{1}{1-pz}\right|_{z=p}=\frac{1}{1-p^2}\quad(0<|p|<1),$$

由留数定理，得

$$I=\frac{1}{\mathrm{i}}\cdot 2\pi\mathrm{i}\cdot\frac{1}{1-p^2}=\frac{2\pi}{1-p^2}\quad(0\leqslant|p|<1).$$

例 5.3 计算积分

$$I=\int_0^{2\pi}\frac{\mathrm{d}\theta}{1+\cos^2\theta}.$$

解： 令 $z=\mathrm{e}^{\mathrm{i}\theta}$，则

$$I=\oint_{\Gamma:|z|=1}\frac{4z\mathrm{d}z}{\mathrm{i}(z^4+6z^2+1)},$$

又令 $z^2=u$，则 $\frac{4z\mathrm{d}z}{\mathrm{i}(z^4+6z^2+1)}=\frac{2\mathrm{d}u}{\mathrm{i}(u^2+6u+1)}$. 当 z 绕 Γ 圆周一周时，u 亦在其上绕两周，故

$$I=2\oint_{\Gamma}\frac{2\mathrm{d}u}{\mathrm{i}(u^2+6u+1)}=\frac{4}{\mathrm{i}}\oint_{\Gamma}\frac{\mathrm{d}u}{u^2+6u+1}.$$

被积函数 $f(u)$ 在 Γ 内部仅有一个一阶极点 $u=-3+\sqrt{8}$.

$$\mathrm{Res}[f(u),-3+\sqrt{8}]=\left.\frac{1}{u+3+\sqrt{8}}\right|_{u=-3+\sqrt{8}}=\frac{1}{2\sqrt{8}}=\frac{1}{4\sqrt{2}}.$$

由留数定理，可得

$$I=\frac{4}{\mathrm{i}}\cdot 2\pi\mathrm{i}\cdot\frac{1}{4\sqrt{2}}=\sqrt{2}\pi.$$

若 $f(\cos\theta,\sin\theta)$ 为 θ 的偶函数，则 $\int_0^{\pi}f(\cos\theta,\sin\theta)\mathrm{d}\theta$ 之值亦可由上述方法求之. 此时 $\int_0^{\pi}f(\cos\theta,\sin\theta)\mathrm{d}\theta=\frac{1}{2}\int_{-\pi}^{\pi}f(\cos\theta,\sin\theta)\mathrm{d}\theta$，仍令 $z=\mathrm{e}^{\mathrm{i}\theta}$，与前同

法，可将 $\int_{-\pi}^{\pi} f(\cos\theta,\sin\theta)\mathrm{d}\theta$ 化为单位圆周 Γ 上的积分.

5.3.2 $\int_{-\infty}^{\infty} f(x)\mathrm{d}x$ 型积分

在 $\int_{-\infty}^{\infty} f(x)\mathrm{d}x$ 型积分中，令

$$f(z)=\frac{P(z)}{Q(z)}=\frac{a_0z^n+a_1z^{n-1}+\cdots+a_n}{b_0z^m+b_1z^{m-1}+\cdots+b_m}\quad(a_0b_0\neq 0,m-n\geqslant 2),$$

(1) $Q(z)$ 比 $P(z)$ 至少高两次；

(2) $Q(z)$ 在实轴上无零点；

(3) $f(z)$ 在上半平面 $\mathrm{Im}\,z>0$ 内的极点为 $z_k(k=1,2,\cdots,n)$，则有

$$\int_{-\infty}^{+\infty} f(x)\mathrm{d}x = 2\pi\mathrm{i}\sum_{k=1}^{n}\mathrm{Res}[f(z),z_k].$$

为了计算这种类型的积分，取积分路径从 x 正半轴出发，以半径 R 逆时针交 x 负半轴结尾，其中 C_R 为上半圆周：$z=R\mathrm{e}^{\mathrm{i}\theta}(0\leqslant\theta\leqslant\pi)$，作为辅助曲线，取 R 适当大，使 $f(z)=\dfrac{P(z)}{Q(z)}$ 所有在上半平面内的极点 z_k 都包含在积分路径内.

依留数定理，有

$$\int_{-R}^{R} f(x)\mathrm{d}x+\oint_{C_R} f(z)\mathrm{d}z = 2\pi\mathrm{i}\sum_{k=1}^{n}\mathrm{Res}[f(z),z_k].$$

进一步地，有

$$\oint_{C_R}\frac{P(z)}{Q(z)}\mathrm{d}z = \int_0^{\pi}\frac{P(R\mathrm{e}^{\mathrm{i}\theta})\,\mathrm{i}R\mathrm{e}^{\mathrm{i}\theta}}{Q(R\mathrm{e}^{\mathrm{i}\theta})}\mathrm{d}\theta.$$

因 $Q(z)$ 的次数比 $P(z)$ 的次数至少高两次，于是当 $|z|=R\to\infty$ 时，有

$$\frac{zP(z)}{Q(z)}=\frac{R\mathrm{e}^{\mathrm{i}\theta}P(R\mathrm{e}^{\mathrm{i}\theta})}{Q(R\mathrm{e}^{\mathrm{i}\theta})}\to 0.$$

所以

$$\lim_{|z|\to\infty}\int_{C_R}\frac{P(z)}{Q(z)}\mathrm{d}z = 0.$$

从而有

$$\int_{-\infty}^{+\infty}\frac{P(x)}{Q(x)}\mathrm{d}x = 2\pi\mathrm{i}\sum_{k=1}^{n}\mathrm{Res}[f(z),z_k].$$

如果 $f(x)$ 为偶函数，则

$$\int_0^{+\infty} f(x)\mathrm{d}x = \frac{1}{2}\int_{-\infty}^{+\infty} f(x)\mathrm{d}x = \pi\mathrm{i}\sum_{k=1}^{n}\mathrm{Res}[f(z),z_k].$$

例 5.4 计算积分 $\int_{-\infty}^{+\infty}\frac{x^2-x+2}{x^4+10x^2+9}\mathrm{d}x$.

解：这里 $P(z)=z^2-z+2$，$Q(z)=z^4+10z^2+9$，$Q(z)$ 在实轴上无零点，因此积分是存在的. 函数 $f(z)=\frac{z^2-z+2}{z^4+10z^2+9}$ 有四个简单极点，即 $\pm\mathrm{i}$，$\pm 3\mathrm{i}$，上半平面内只包含 i 和 3i，而

$$\mathrm{Res}[f(z),\mathrm{i}] = \lim_{z\to i}(z-\mathrm{i})\frac{z^2-z+2}{(z-\mathrm{i})(z+\mathrm{i})(z^2+9)} = -\frac{1+\mathrm{i}}{16},$$

$$\mathrm{Res}[f(z),3\mathrm{i}] = \lim_{z\to 3\mathrm{i}}(z-3\mathrm{i})\frac{z^2-z+2}{(z^2+1)(z-3\mathrm{i})(z+3\mathrm{i})} = \frac{3-7\mathrm{i}}{48}. \quad (5.11)$$

5.3.3 $\int_{-\infty}^{\infty} f(x)\mathrm{e}^{\mathrm{i}\beta x}\mathrm{d}x$ 型积分

在 $\int_{-\infty}^{\infty} f(x)\mathrm{e}^{\mathrm{i}\beta x}\mathrm{d}x$ 型积分中，$f(x)$ 为真分式，在实轴上无奇点，则

$$\int_{-\infty}^{+\infty} f(x)\mathrm{e}^{\mathrm{i}\beta x}\mathrm{d}x = \int_{-\infty}^{+\infty}\frac{P(x)}{Q(x)}\mathrm{e}^{\mathrm{i}\beta x}\mathrm{d}x = 2\pi\mathrm{i}\sum_{k=1}^{n}\mathrm{Res}[F(z),z_k],$$

其中，$F(z)=f(z)\mathrm{e}^{\mathrm{i}\beta z}$，$z_k$ 为 $F(z)$ 在上半平面的奇点.

为了后续的积分估计，接下来先介绍若尔当（Jordan）引理：

引理 5.1（若尔当引理）

设函数 $g(z)$ 在闭区域 $\theta_1\leqslant\arg z\leqslant\theta_2$，$R_0\leqslant|z|\leqslant+\infty(R_0\geqslant 0, 0\leqslant\theta_1\leqslant\theta_2\leqslant\pi)$ 上连续，并设 C_R 是该闭区域上的一段以原点为中心、$R(R>R_0)$ 为半径的圆弧. 若当 z 在这闭区域上时，有

$$\lim_{z\to\infty} g(z)=0,$$

则对任何 $\beta>0$，有

$$\lim_{R\to+\infty}\oint_{C_R} g(z)\mathrm{e}^{\mathrm{i}\beta z}\mathrm{d}z = 0.$$

证明：由 $\lim\limits_{z\to\infty} g(z)=0$ 可知，对于任意的 $\varepsilon>0$，存在 $R_1(\varepsilon)>0$，使得当 $R>R_1(\varepsilon)$ 时，对一切在 C_R 上的 z 都有 $|g(z)|<\varepsilon$. 于是，有

$$\left|\oint_{C_R} g(z)\mathrm{e}^{\mathrm{i}\beta z}\mathrm{d}z\right| = \left|\int_{\theta_1}^{\theta_2} g(R\mathrm{e}^{\mathrm{i}\theta})\mathrm{e}^{\mathrm{i}\beta R\mathrm{e}^{\mathrm{i}\theta}}R\mathrm{e}^{\mathrm{i}\theta}\mathrm{i}\theta\right|$$

$$\leqslant R\varepsilon\int_0^{\pi}\mathrm{e}^{-\beta R\sin\theta}\mathrm{d}\theta = R\varepsilon\left[\int_0^{\frac{\pi}{2}}+\int_{\frac{\pi}{2}}^{\pi}\right]\mathrm{e}^{-\beta R\sin\theta}\mathrm{d}\theta$$

$$= 2R\varepsilon\int_0^{\frac{\pi}{2}}\mathrm{e}^{-R\beta\sin\theta}\mathrm{d}\theta. \tag{5.12}$$

因为当 $0\leqslant\theta\leqslant\frac{\pi}{2}$ 时，由微分学的知识易证 $\frac{2\theta}{\pi}\leqslant\sin\theta$. 在 $y_2=\sin\theta$ 上作连接 $(0,0)$ 与 $\left(\frac{\pi}{2},1\right)$ 的直线 $y_1=\frac{2}{\pi}\theta$. 显然，对 $0\leqslant\theta\leqslant\frac{\pi}{2}$，

$$y_2=\sin\theta\geqslant y_1=\frac{2}{\pi}\theta.$$

所以

$$\left|\oint_{C_R} g(z)\mathrm{e}^{\mathrm{i}\beta z}\mathrm{d}z\right|\leqslant 2R\varepsilon\int_0^{\frac{\pi}{2}}\mathrm{e}^{-R\beta\sin\theta}\mathrm{d}\theta\leqslant 2R\varepsilon\int_0^{\frac{\pi}{2}}\mathrm{e}^{-\frac{2\beta R}{\pi}\theta}\,\mathrm{d}\theta$$

$$=\frac{\pi\varepsilon}{\beta}(1-\mathrm{e}^{-\beta R})<\frac{\pi\varepsilon}{\beta},$$

从而有

$$\lim_{R\to+\infty}\oint_{C_R} g(z)\mathrm{e}^{\mathrm{i}\beta z}\mathrm{d}z=0.$$ ■

有了此引理，再设辅助函数为 $f(z)\mathrm{e}^{\mathrm{i}\beta z}$，使上半平面内的孤立奇点均含在上半圆内. 由留数定理得

$$\int_{-R}^{R} f(x)\mathrm{e}^{\mathrm{i}\beta x}\mathrm{d}x+\oint_{C_R} f(z)\mathrm{e}^{\mathrm{i}\beta z}\mathrm{d}z = 2\pi\mathrm{i}\sum_{k=1}^{n}\mathrm{Res}[f(z)\mathrm{e}^{\mathrm{i}\beta z},z_k].$$

当 $R\to+\infty$ 时，由若尔当引理知 $\int_{C_R} f(z)\mathrm{e}^{\mathrm{i}\beta z}\mathrm{d}z\to 0$，故

$$\int_{-\infty}^{+\infty}\frac{P(x)}{Q(x)}\mathrm{e}^{\mathrm{i}\beta x}\mathrm{d}x = 2\pi\mathrm{i}\sum_{k=1}^{n}\mathrm{Res}\left[\frac{P(z)}{Q(z)}\mathrm{e}^{\mathrm{i}\beta z},z_k\right].$$

特别地，将上式分开实部与虚部，就可得到积分

$$\int_{-\infty}^{+\infty}\frac{P(x)}{Q(x)}\cos(\beta x)\,\mathrm{d}x \text{ 及 } \int_{-\infty}^{+\infty}\frac{P(x)}{Q(x)}\sin(\beta x)\,\mathrm{d}x.$$

例 5.5　计算积分

$$I_1=\int_{-\infty}^{+\infty}\frac{\cos x}{x^2+a^2}\mathrm{d}x,\ I_2=\int_{-\infty}^{+\infty}\frac{\sin x}{x^2+a^2}\mathrm{d}x.$$

解： $I_1=\int_{-\infty}^{+\infty}\frac{\cos x}{x^2+a^2}\mathrm{d}x$ 是 $\int_{-\infty}^{+\infty}\frac{\mathrm{e}^{\mathrm{i}x}}{x^2+a^2}\mathrm{d}x$ 的实部，$I_2=\int_{-\infty}^{+\infty}\frac{\sin x}{x^2+a^2}\mathrm{d}x$ 是 $\int_{-\infty}^{+\infty}\frac{\mathrm{e}^{\mathrm{i}x}}{x^2+a^2}\mathrm{d}x$ 的虚部. 容易验证，函数 $f(z)=\frac{\mathrm{e}^{\mathrm{i}z}}{z^2+a^2}$ 满足若尔当引理的条件，其中，$g(z)=\frac{1}{z^2+a^2}$，函数 $f(z)$ 在上半平面内只有一个简单极点 $z=a\mathrm{i}$（$z=-a\mathrm{i}$ 在下半平面）.

$$\begin{aligned}\int_{-\infty}^{+\infty}\frac{\mathrm{e}^{\mathrm{i}x}}{x^2+a^2}\mathrm{d}x&=2\pi\mathrm{i}\mathrm{Res}[f(z),a\mathrm{i}]\\&=2\pi\mathrm{i}\lim_{z\to a\mathrm{i}}(z-a\mathrm{i})\frac{\mathrm{e}^{\mathrm{i}z}}{z^2+a^2}=2\pi\mathrm{i}\frac{\mathrm{e}^{-a}}{2a\mathrm{i}}=\frac{\pi\mathrm{e}^{-a}}{a}.\end{aligned}\tag{5.13}$$

比较实部与虚部，得

$$\int_{-\infty}^{+\infty}\frac{\cos x}{x^2+a^2}\mathrm{d}x=\frac{\pi\mathrm{e}^{-a}}{a},\quad\int_{-\infty}^{+\infty}\frac{\sin x}{x^2+a^2}\mathrm{d}x=0.$$

5.4 辐角原理与鲁歇定理

5.4.1 对数留数

留数理论的重要应用之一是计算积分

$$\frac{1}{2\pi\mathrm{i}}\oint_C\frac{f'(z)}{f(z)}\mathrm{d}z,$$

它称为 $f(z)$ 的**对数留数**，这个名称的来源为

$$\frac{f'(z)}{f(z)}=\frac{\mathrm{d}}{\mathrm{d}z}(\ln f(z)).\tag{5.14}$$

引理 5.2

(1) 设 a 为 $f(z)$ 的 n 阶零点，则 a 必为函数 $\frac{f'(z)}{f(z)}$ 的一阶极点，并且

$$\mathrm{Res}\left[\frac{f'(z)}{f(z)},a\right]=n;$$

(2) 设 b 为 $f(z)$ 的 m 阶极点，则 b 必为函数 $\frac{f'(z)}{f(z)}$ 的一阶极点，并且

$$\mathrm{Res}\left[\frac{f'(z)}{f(z)},b\right]=-m.$$

证明：(1) 如果 a 为 $f(z)$ 的 n 阶零点，则 a 的邻域内有 $f(z)=(z-a)^n g(z)$，其中 $g(z)$ 在 a 的邻域内解析，且 $g(a)\neq 0$，于是

$$\frac{f'(z)}{f(z)}=\frac{n}{z-a}+\frac{g'(z)}{g(z)}.$$

由于 $\frac{g'(z)}{g(z)}$ 在 a 的邻域内解析，故 a 为 $\frac{f'(z)}{f(z)}$ 的一阶极点，且

$$\operatorname{Res}\left[\frac{f'(z)}{f(z)},a\right]=n.$$

(2) 如果 b 为 $f(z)$ 的 m 阶极点，则 b 的去心邻域内有 $f(z)=(z-b)^{-m}h(z)$，其中 $h(z)$ 在 b 的去心邻域内解析，且 $h(b)\neq 0$. 于是

$$\frac{f'(z)}{f(z)}=\frac{-m}{z-b}+\frac{h'(z)}{h(z)},$$

由于 $\frac{h'(z)}{h(z)}$ 在 b 的邻域内解析. 故 b 为 $\frac{f'(z)}{f(z)}$ 的一阶极点，且

$$\operatorname{Res}\left[\frac{f'(z)}{f(z)},b\right]=-m.$$

■

根据引理5.2与留数定理，可以得到如下定理：

定理5.12

设 $f(z)$ 在简单正向闭曲线 C 上解析且不为零，在 C 的内部除有限个极点外处处解析，则 $f(z)$ 关于 C 的对数留数

$$\frac{1}{2\pi i}\oint_C \frac{f'(z)}{f(z)}dz = N(f,C)-P(f,C), \tag{5.15}$$

其中，$N(f,C)$ 和 $P(f,C)$ 分别表示 $f(z)$ 在 C 内部的零点个数与极点个数（注意：一个 n 阶零点算作 n 个零点，极点同理）.

证明：设 $f(z)$ 在 C 内部的不同零点为 a_k，阶数分别为 n_k，$k=1,2,\cdots,p$；$f(z)$ 在 C 内部的不同极点为 b_j，阶数分别为 m_j，$j=1,2,\cdots,q$. 考虑到 $\frac{f'(z)}{f(z)}$ 在 C 的内部及 C 上除去在 C 内部一阶极点 a_k 和 b_j 外均是解析的，根据引理5.2及留数定理，得

$$\frac{1}{2\pi i}\oint_C \frac{f'(z)}{f(z)}dz = \sum_{k=1}^{p}\operatorname{Res}\left[\frac{f'(z)}{f(z)},a_k\right]+\sum_{j=1}^{q}\operatorname{Res}\left[\frac{f'(z)}{f(z)},b_j\right]$$

$$= \sum_{k=1}^{p} n_k + \sum_{j=1}^{q} (-m_j)$$
$$= N(f,C) - P(f,C).$$ ■

5.4.2 辐角原理

注意到式（5.15）的左端是$f(z)$的对数留数，根据式（5.6），可以将它写成

$$\frac{1}{2\pi \mathrm{i}}\oint_C \frac{f'(z)}{f(z)}\mathrm{d}z = \frac{1}{2\pi \mathrm{i}}\oint_C \frac{\mathrm{d}}{\mathrm{d}z}(\ln f(z))\mathrm{d}z = \frac{1}{2\pi \mathrm{i}}\oint_C \mathrm{d}(\ln f(z))$$
$$= \frac{1}{2\pi \mathrm{i}}\left(\oint_C \mathrm{d}(\ln |f(z)|) + \mathrm{i}\oint_C \mathrm{d}(\arg f(z))\right). \tag{5.16}$$

函数$\ln|f(z)|$是z的单值函数，当z从z_0起绕行周线C一周回到z_0时，有

$$\oint_C \mathrm{d}(\ln|f(z)|) = \ln|f(z_0)| - \ln|f(z_0)| = 0.$$

另一方面，当z从z_0起绕行周线C一周回到z_0时，根据周线C的形状，$\arg f(z)$的值可能改变，且一定为2π的整数倍．于是，可以将定理5.12改写为如下定理，即辐角原理.

定理5.13（辐角原理）

在定理5.12的条件下，$f(z)$在周线C内部的零点个数与极点个数之差，等于当z正向绕行周线C一周后$\arg f(z)$的改变量除以2π，即

$$N(f,C) - P(f,C) = \frac{\Delta_C \arg f(z)}{2\pi}, \tag{5.17}$$

其中，$\Delta_C \arg f(z)$表示当z正向绕行周线C一周后$\arg f(z)$的改变量.

例5.6　设$f(z)=(z-1)(z-3)^2(z-5)$，曲线C：$|z|=4$，试验证辐角原理.

解：$f(z)$在z平面上解析，在C上无零点，且在C内部仅有一阶零点$z=1$及二阶零点$z=3$．因此有

$$N(f,C) = 1 + 2 = 3;$$

另一方面，当z正向绕行周线C一周后，有

$$\begin{aligned}\Delta_C \arg f(z) &= \Delta_C \arg(z-1) + \Delta_C \arg(z-3)^2 + \Delta_C \arg(z-5)\\ &= \Delta_C \arg(z-1) + 2\times\Delta_C \arg(z-3)\\ &= 2\pi + 4\pi = 6\pi.\end{aligned}$$

经判断可知，

$$\frac{6\pi}{2\pi} = 3 = (f, C).$$

因此辐角原理（即定理 5.13）得以验证.

5.4.3　鲁歇定理

鲁歇（Rouché）定理是辐角原理的一个推论，相较于辐角原理，其更容易应用于考察函数零点分布这一问题.

定理 5.14（鲁歇定理）

设 C 是一条周线，函数 $f(z)$ 及 $g(z)$ 满足条件：

(1) 它们在 C 的内部均解析，且连续到 C；

(2) 在 C 上有 $|f(z)| > |g(z)|$.

则函数 $f(z)$ 与 $f(z)+g(z)$ 在 C 内部有同样多的零点，即

$$N(f+g, C) = N(f, C). \tag{5.18}$$

证明：根据假设，有 $f(z)$ 与 $f(z)+g(z)$ 在 C 内部均解析且连续到 C，并且在 C 上有 $|f(z)| > |g(z)| \geqslant 0$. 我们可以得到在 C 上，有

$$|f(z)+g(z)| \geqslant |f(z)| - |g(z)| > 0,$$

因此函数 $f(z)$ 与 $f(z)+g(z)$ 在 C 都满足定理 5.12 的条件. 考虑如下等价变换：

$$f(z)+g(z) = f(z)\left(1+\frac{g(z)}{f(z)}\right),$$

可得

$$\Delta_C \arg(f(z)+g(z)) = \Delta_C \arg f(z) + \Delta_C \arg\left(1+\frac{g(z)}{f(z)}\right). \tag{5.19}$$

根据假设条件，当 z 沿 C 移动时，

$$\left|\frac{g(z)}{f(z)}\right| < 1. \tag{5.20}$$

我们定义 $\eta:=1+\frac{g(z)}{f(z)}$，并利用 η 将 z 平面上的周线 C 变成 η 平面上的闭曲线 Γ. 根据式（5.20），可得 Γ 在圆周 $|\eta-1|=1$ 的内部，而原点 $\eta_0=0$ 不在此圆周的内部. 因此，点 η 绕 Γ 绕行时不会围绕原点 $\eta_0=0$. 由此可得

$$\Delta_C \arg\left(1+\frac{g(z)}{f(z)}\right)=0,$$

此时由式（5.19）得

$$\Delta_C \arg(f(z)+g(z))=\Delta_C \arg(f(z)) \tag{5.21}$$

考虑到 $f(z)$ 与 $f(z)+g(z)$ 在 C 内部处处解析，满足定理 5.12 的条件，则由式（5.21）与辐角原理，式（5.18）成立，定理得证. ■

例 5.7 设 n 次多项式

$$p(z)=a_0z^n+\cdots+a_tz^{n-t}+\cdots+a_n \quad (a_0\neq 0)$$

满足

$$|a_t|>|a_0|+\cdots+|a_{t-1}|+|a_{t+1}|+\cdots+|a_n|,$$

则 $p(z)$ 在单位圆 $|z|<1$ 内有 $n-t$ 个零点.

解：利用鲁歇定理，取 $f(z)=a_tz^{n-t}$，$g(z)=a_0z^n+\cdots+a_{t-1}z^{n-t+1}+a_{t+1}z^{n-t-1}+\cdots+a_n$，易于验证在单位圆周 $|z|=1$ 上，有

$$|f(z)|>|g(z)|.$$

同时可以得到 $p(z)=f(z)+g(z)$ 在单位圆 $|z|<1$ 内的零点与 $f(z)$ 在单位圆 $|z|<1$ 内的零点一样多，即 $n-t$ 个.

例 5.8 试证：方程

$$z^7-2z^3+14=0 \tag{5.22}$$

的根全在圆环 $1<|z|<2$ 内.

解：由例 5.7 可知，式（5.22）在圆周 $|z|=1$ 的内部无根. 又在圆周 $|z|=2$ 上有

$$|14-2z^3|\leqslant 14+8|z|^3=14+64=78<128=2^7=|z^7|,$$

则由鲁歇定理可知，式（5.22）的 7 个根全在 $1\leqslant|z|<2$ 上. 当 $|z|=1$ 时，

$$|z^7-2z^3|=|z|^3|z^4-2|\leqslant|z|^3(|z|^4+2)=3,$$

且

$$|z^7-2z^3+14|\geqslant 14-|z^7-2z^3|\geqslant 14-3=11>0.$$

综上所述，原方程的根全部在圆环 $1<|z|<2$ 内.

5.5　留数在自动控制原理中的应用*

5.5.1　一种基于留数的线性系统稳定性判据

在自动控制中，线性系统稳定性的充分必要条件常被归结为：**闭环系统特征方程的所有根均具有负实部；或者说，闭环传递函数的极点均位于 s 左半平面**. 在下述定理中，基于辐角原理给出了该问题的一种留数形式的判据.

定理 5.15

设 n 次多项式

$$P(z)=a_0z^n+a_1z^{n-1}+\cdots+a_n\quad(a_0\neq 0)$$

在虚轴上没有零点，则 $P(z)$ 的零点全在左半平面 $\mathrm{Re}\,z<0$ 内，当且仅当

$$\underset{y(-\infty\to+\infty)}{\Delta\arg}P(\mathrm{i}y)=n\pi,\tag{5.23}$$

即点 z 自下而上沿虚轴从 $-\infty$ 移动到 $+\infty$ 过程中，$P(z)$ 绕原点转了 $\frac{n}{2}$ 圈.

证明：令周线 C_R 是右半圆周

$$\Gamma_R:z=R\mathrm{e}^{\mathrm{i}\theta}\quad\left(-\frac{\pi}{2}\leqslant\theta\leqslant\frac{\pi}{2}\right)$$

及虚轴上从 $R\mathrm{i}$ 到 $-R\mathrm{i}$ 的有向线段所构成. 于是，$P(z)$ 的零点全在左半平面的充要条件为 $N(P,C_R)=0$，对任意 R 均成立. 由定理 5.13 即知，此条件可写成

$$\begin{aligned}0&=\lim_{R\to+\infty}\Delta_{C_R}\arg P(z)\\&=\lim_{R\to+\infty}\Delta_{\Gamma_R}\arg P(z)-\lim_{R\to+\infty}\underset{y(-R\to+R)}{\Delta\arg}P(\mathrm{i}y).\end{aligned}\tag{5.24}$$

同时，有

$$\begin{aligned}\Delta_{\Gamma_R}\arg P(z)&=\Delta_{\Gamma_R}\arg a_0z^n[1+g(z)]\\&=\Delta_{\Gamma_R}\arg a_0z^n+\Delta_{\Gamma_R}\arg[1+g(z)],\end{aligned}$$

其中，

$$g(z)=\frac{a_1z^{n-1}+\cdots+a_n}{a_0z^n},$$

在 $R\to+\infty$ 时 $g(z)$ 沿 Γ_R 一致趋于零. 由此可得

$$\lim_{R\to+\infty}\Delta_{\Gamma_R}\arg[1+g(z)]=0,$$

同时, 有

$$\Delta_{\Gamma_R}\arg a_0z^n=\underset{\theta\left[-\frac{\pi}{2}\to+\frac{\pi}{2}\right]}{\Delta\arg}a_0R^n\mathrm{e}^{\mathrm{i}n\theta}=n\pi.$$

结合式 (5.24), 可得式 (5.23). ■

例 5.9 设某单位反馈系统的开环传递函数为

$$G(s)=\frac{1}{s^2+3s+1}.$$

试判断闭环传递函数是否稳定.

解: 由题意得闭环系统特征方程为

$$D(s)=s^2+3s+2,$$

通过绘制 $D(\mathrm{i}y)$ 轨迹可得

$$\underset{y(-\infty\to+\infty)}{\Delta\arg}D(\mathrm{i}y)=\underset{y(-\infty\to+\infty)}{\Delta\arg}(2-y^2+\mathrm{i}3y)=2\pi,$$

利用定理 5.15 可判断闭环系统稳定. 同时, 求解闭环系统特征方程的根, 判断其具有 $s=-1$ 和 $s=-2$ 两个单根, 且均有负实部, 因此闭环传递函数稳定.

5.5.2 留数法求解 S 反变换与逆 z 变换

在 5.5.1 节中, 介绍了如何使用留数方法判断线性系统传递函数是否稳定. 在控制原理中, 如何对系统响应进行频域、时域转换, 从而对系统响应进行分析, 这也非常重要. 本节将介绍如何使用留数方法, 简化对频域信号进行拉普拉斯逆变换的过程. 本书前文已经详细介绍了拉普拉斯变换与复变函数的关系, 感兴趣的读者可以回顾前文进行了解.

对于任意一个关于 x 的真分式, 我们都可以将其拆分为数个如下四种基本形式之一的组合:

$$\frac{A}{x-a},\ \frac{A}{(x-a)^p},\ \frac{Bx+c}{x^2+bx+c},\ \frac{Bx+c}{(x^2+bx+c)^q}.$$

其中, 前两个基本分式对应根为实根, 后两个分式对应根为复根. 在此, 首先对实根情况进行讨论. 设有真分式 $F(x)$, 其单根为 $a_1,a_2,\cdots,a_m$, 重根为 b_1,

$b_2,\cdots,b_n$，根的重数分别为 $l_1,l_2,\cdots,l_n$，则 $F(x)$ 可分解为

$$F(x) = \sum_{i=1}^{m} \frac{A_i}{s-a_i} + \sum_{j=1}^{n}\sum_{k=1}^{l_j} \frac{B_{j,k}}{(s-b_j)^k}.$$

其中，A_i 和 $B_{j,k}$ 是需要求解的待定系数. 对于和单根对应的待定系数 A_i，可以通过下式求解出：

$$A_i = [F(x)(x-a_i)]\big|_{x=a_i},\ i=1,2,\cdots,m.$$

但当需要求解 $B_{j,k}(k\neq l_j)$ 时，上述方法并不适用，因为 $F(x)(x-b_i)^k\ (k\neq l_j)$ 有极点 $x=b_j$. 此时对 $F(x)$ 应用留数定理，可得

$$B_{j,l_j} = [F(x)(x-b_j)^{l_j}]\big|_{x=b_j},\ j=1,2,\cdots,n,$$

$$B_{j,k} = \frac{1}{(l_j-k)!}\frac{\mathrm{d}^{l_j-k}}{\mathrm{d}x^{l_j-k}}[F(x)(x-b_j)^{l_j}]\big|_{x=b_j},\ j=1,2,\cdots,n,\ k=1,2,\cdots,l_j-1.$$

事实上，对于复根形式，如果我们将每个共轭复根视为两个单根，以上结论同样成立. 但是在使用过程中，由于涉及共轭复根的运算较为复杂，因此通常不使用留数方法处理复根情况.

接下来，考虑在连续系统中常用的 S 反变换与离散系统中常用的逆 z 变换，其在工程应用中都涉及分式展开的问题，我们通过几个例子说明基于留数的部分分式展开方法在离散与连续系统分析中的应用.

例 5.10　求 $F(s) = \dfrac{2s+3}{s^2+3s+2}$ 的 S 逆变换 $f(t)$.

解： 判断该函数特征方程具有两个零点，即 $s=-1$ 和 $s=-2$ 两个单实根，该函数可展开为

$$F(s) = \frac{A_1}{s+1} + \frac{A_2}{s+2},$$

应用基于留数的部分分式展开方法，可得

$$A_1 = [F(s)(s+1)]\big|_{s=-1} = 1,$$

$$A_2 = [F(s)(s+2)]\big|_{s=-2} = 1.$$

通过查表可得

$$f(t) = (\mathrm{e}^{-t} + \mathrm{e}^{-2t})1(t).$$

例 5.11　求 $F(s) = \dfrac{s+3}{s^2+2s+1}$ 的 S 逆变换 $f(t)$.

解：判断该函数特征方程具有一个二阶重根 $s=-1$，该函数可展开为

$$F(s)=\frac{A_1}{s+1}+\frac{A_2}{(s+1)^2},$$

应用基于留数的部分分式展开方法，可得

$$A_2=[F(s)(s+1)^2]\big|_{s=-1}=2,$$

$$A_1=\frac{1}{(2-1)!}\left[\frac{\mathrm{d}}{\mathrm{d}s}(F(s)(s+1)^2)\right]\bigg|_{s=-1}=1.$$

通过查表可得

$$f(t)=(\mathrm{e}^{-t}+2t\mathrm{e}^{-t})1(t).$$

同样，基于留数的部分分式展开方法也可用于离散系统中常用的逆 z 变换.

例 5.12 求 $F(z)=\dfrac{z^2}{(z+1)(z-2)}$ （$|z|>2$）的逆 z 变换 $f(n)$.

解：首先判断该函数特征方程具有两个零点，即 $z=-1$ 和 $z=2$ 两个单实根，首先令

$$Q(z):=\frac{F(z)}{z}=\frac{z}{(z+1)(z-2)},$$

$Q(z)$ 可展开为

$$Q(z)=\frac{A_1}{z+1}+\frac{A_2}{z-2}.$$

应用基于留数的部分分式展开方法，可得

$$A_1=[Q(z)(z+1)]\big|_{z=-1}=\frac{1}{3},$$

$$A_2=[Q(s)(z-2)]\big|_{z=2}=\frac{2}{3}.$$

则

$$F(z)=\frac{1}{3}\frac{z}{z+1}+\frac{2}{3}\frac{z}{z-2},$$

通过查表可得

$$f(n)=\left(\frac{1}{3}(-1)^n+\frac{2}{3}\cdot 2^n\right)1(n).$$

5.6　本章习题

1*. 下列函数有些什么类型的孤立奇点？对于极点，指出它的级．其中，n 为正整数．

(1) $\dfrac{1}{(1+z^2)(1+e^{\pi z})}$;

(2) $\dfrac{z^{2n}}{1+z^n}$;

(3) $(z+i)^{10}\sin\dfrac{1}{z+i}$.

2*. 证明 $z_0=\dfrac{\pi i}{2}$ 是函数 $\cosh z$ 的一级零点．

3*. 求下列函数 $f(z)$ 在有限奇点处的留数．

(1) $\dfrac{ze^z}{z^2-1}$;

(2) $\dfrac{2}{z\sin z}$;

(3) $\cos\dfrac{1}{1-z}$.

4*. 利用留数计算下列沿正向圆周的积分．

(1) $\oint_{|z|=1/2}\dfrac{\ln(1+z)}{z}dz$;

(2) $\oint_{|z|=\frac{1}{3}}\sin\dfrac{2}{z}dz$;

(3) $\oint_{|z|=2}\dfrac{e^{2z}}{(z-1)^2}dz$.

5*. 计算下列积分，其中 C 为正向圆周．

(1) $\oint_C\dfrac{z^{10}}{(z^4+2)^2(z-2)^3}dz$，$C$：$|z|=3$;

(2) $\oint_C\dfrac{z^3}{1+z}e^{\frac{1}{z}}dz$，$C$：$|z|=2$.

6*. 利用留数计算下列定积分.

(1) $\int_0^{2n} \frac{1}{5+3\sin\theta}\mathrm{d}\theta$;

(2) $\int_0^{2\pi} \cos^{2n}\theta\mathrm{d}\theta$（$n$ 为自然数）;

(3) $\int_{-\infty}^{+\infty} \frac{1}{(1+x^2)^2}\mathrm{d}x$;

(4) $\int_0^{+\infty} \frac{x^2}{(x^2+a^2)(x^2+b^2)}\mathrm{d}x \quad (a>0,b>0)$;

(5) $\int_{-\infty}^{+\infty} \frac{\cos x}{x^2+4x+5}\mathrm{d}x$;

(6) $\int_0^{+\infty} \frac{x\sin x}{x^2+a^2}\mathrm{d}x \quad (a>0)$.

5.7 习题解答

1. (1) $z=\pm\mathrm{i}$ 是二级极点，$z_k=(2k+1)\mathrm{i},(k=\pm1,\pm2,\pm3,\cdots)$ 是一级极点.

(2) $z_k=\cos\frac{(2k+1)\pi}{n}+\mathrm{i}\sin\frac{(2k+1)\pi}{n}=\mathrm{e}^{\mathrm{i}\frac{(2k+1)\pi}{n}}(k=0,1,2,\cdots,n-1)$ 为一级极点.

(3) $z=-\mathrm{i}$ 是原函数的本性奇点.

2. $z_0=\frac{\pi\mathrm{i}}{2}$ 是函数 $\cosh z$ 的一级零点.

3. (1) $z=\pm1$ 是一级极点，

$\mathrm{Res}[f(z),1]=\frac{\mathrm{e}}{2}$,

$\mathrm{Res}[f(z),-1]=\frac{1}{2\mathrm{e}}$.

(2) $z=0$ 为二级极点，$z_k=k\pi(k=\pm1,\pm2,\cdots)$ 为一级极点，

$\mathrm{Res}[f(z),0]=0$;

$\mathrm{Res}[f(z),k\pi]=(-1)^k\frac{2}{k\pi} \quad (k=\pm1,\pm2,\cdots)$.

(3) $\mathrm{Res}[f(z),1]=0$.

4. (1) $\oint_{|z|=1/2}\dfrac{\ln(1+z)}{z}\mathrm{d}z=2\pi\mathrm{i}\mathrm{Res}[f(z),0]=0.$

(2) $\oint_{|z|=1/3}\sin\dfrac{2}{z}\mathrm{d}z=2\pi\mathrm{i}\mathrm{Res}[f(z),0]=4\pi\mathrm{i}.$

(3) $\oint_{|z|=2}\dfrac{\mathrm{e}^{2z}}{(z-1)^2}\mathrm{d}z=2\pi\mathrm{i}\mathrm{Res}[f(z),1]=4\pi\mathrm{e}^2\mathrm{i}.$

5. (1) $\xi=0$ 是$f\left(\dfrac{1}{\xi}\right)\dfrac{1}{\xi^2}$的一级极点，

$$\oint_C\frac{z^{10}}{(z^4+2)^2(z-2)^3}\mathrm{d}z=2\pi\mathrm{i}\lim_{\xi\to0}\frac{1}{(1+2\xi^4)^2(1-2\xi)^3}=2\pi\mathrm{i}.$$

(2) $\dfrac{2}{3}\pi\mathrm{i}.$

6. (1) $2\pi\mathrm{i}\mathrm{Res}\left[f(z),-\dfrac{\mathrm{i}}{3}\right]=\dfrac{\pi}{2}.$

(2) $\int_0^{2\pi}\cos^{2n}\theta\mathrm{d}\theta=2\pi4^{-n}C_{2n}^n=\dfrac{2\pi(2n-1)!!}{(2n)!!}.$

(3) $\int_{-\infty}^{+\infty}\dfrac{1}{(1+x^2)^2}\mathrm{d}x=2\pi\mathrm{i}\mathrm{Res}[f(z),\mathrm{i}]=\dfrac{\pi}{2}.$

(4) $\int_0^{+\infty}\dfrac{x^2}{(x^2+a^2)(x^2+b^2)}\mathrm{d}x$

$$=\frac{1}{2}\cdot2\pi\mathrm{i}(\mathrm{Res}[f(z),a\mathrm{i}]+\mathrm{Res}[f(z),b\mathrm{i}])=\frac{\pi}{2(a+b)}.$$

(5) $\int_{-\infty}^{+\infty}\dfrac{\cos x}{x^2+4x+5}\mathrm{d}x=\dfrac{\pi\cos2}{\mathrm{e}}.$

(6) $\int_0^{+\infty}\dfrac{x\sin x}{x^2+a^2}\mathrm{d}x=\dfrac{\pi\mathrm{e}^{-a}}{2}.$

第 6 章

共形映射

复变函数 $w=f(z)$ 在几何上可以看作 z 平面上的点集到 w 平面上点集的映射，其中共形映射（也称保形映射、保角映射）保持了角度，以及变换前后无穷小结构的形状，如图 6－1 所示. 从图中可以看出，f 把垂直相交的成对曲线映射成仍以垂直相交的成对曲线.

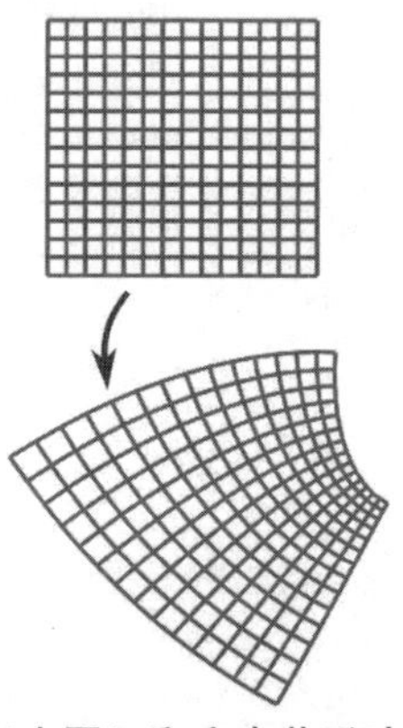

图 6－1　直角网格（上图）和它在共形映射 f 下的象（下图）

本章首先通过解析函数导数的几何意义引出共形映射的概念，然后以分式线性函数为例分析共形映射的性质. 接着，本章将简述几个由初等函数构成的共形映射，介绍与共形映射相关的几个一般性定理，包括最大模定理、黎曼存在定理和边界对应定理. 值得指出的是，在理论分析与工程设计中，人们往往可以通过建立恰当的共形映射把复杂区域上的问题转化到相对简单区域上的问题进行讨论和求解，这一思想在数学、流体力学、弹性力学、电学和控制科学等学科中有广泛应用. 最后，本章将以控制系统的稳定性为例，说明共形映射在控制系统性能分析中的应用.

6.1　共形映射的概念

6.1.1　复变函数的导数与对曲线的作用

在实变函数中，$f'(x_0)$可以用于表示曲线 $C=\{(x,y)\mid y=f(x),x\in I\}$ 上在点（x_0,y_0）处切线的斜率. 本节将首先介绍复变函数 $w=f(z)$的导数和它的几何意义.

设复变函数 $w=f(z)$ 在其定义域 D 内解析，其中有一点满足 $z_0\in D$，$f'(z_0)\neq 0$. 对于区域 D 内过 z_0 的一条光滑曲线 $C:z=z(t)$，$\alpha\leqslant t\leqslant\beta$，通过 C 上两点 $z(t_0),z(t_0+\Delta t)$的割线的正向对应于参数 t 的增加方向，那么这个方向与表示

$$\frac{z(t_0+\Delta t)-z(t_0)}{\Delta t}\quad(t=t_0+\Delta t)\tag{6.1}$$

的向量方向相同. 与实变函数相同，当点 $z(t+\Delta t)$沿着曲线 C 无限趋近于点 $z(t_0)$时，割线$\overline{z(t_0)z(t_0+\Delta t)}$的极限就是曲线在 $z(t_0)$点的切线，即向量

$$z'(t_0)=\lim_{\Delta t\to 0}\frac{z(t_0+\Delta t)-z(t_0)}{\Delta t}\tag{6.2}$$

与 C 相切于点 $z(t_0)$. 记曲线 $C:z=z(t)$在点 $z(t_0)$的切线的正向与正实轴的方向的夹角为$\arg z'(t_0)$.

接下来，我们讨论复变函数对曲线 C 的作用. 函数 $w=f(z)$把曲线 $C:z=z(t)$映射为 w 平面上过点 $w_0=f(z(t_0))$的光滑曲线，记这一光滑曲线为 $\Gamma:w=w(t)=f(z(t))$，$\alpha\leqslant t\leqslant\beta$，$w'(t)=f'(z(t))z'(t)$. 类似地，$\Gamma$ 在 w_0 点的切线的正向与正实轴方向的夹角记为 $\arg w'(t_0)$，并且根据等式 $w'(t)=f'(z(t))z'(t)$有

$$\arg w'(t_0)=\arg f'(z(t))+\arg z'(t),\tag{6.3}$$

或等价地有

$$\arg w'(t_0)-\arg z'(t)=\arg f'(z(t)).\tag{6.4}$$

上式说明，曲线 Γ 在点 w_0 处的切向量与曲线 C 在点 $z(t_0)$处的切向量的辐角之差总是 $\arg f'(z(t_0))$，而与曲线 C 的具体形状无关，因此，该不变量 $\arg f'(z(t_0))$

称为$f(z)$在$z(t_0)$点的旋转角. 下一节将利用旋转角的概念讨论复变函数的保角性.

6.1.2 保角映射的定义

由旋转角的性质可知，复变函数在某一点的旋转角仅与复变函数本身相关，与曲线C的具体形状无关. 因此，如果考虑过点$z(t_0)$的任意两条光滑曲线$C_1:z=z_1(t)$和$C_2:z=z_2(t)$，$\alpha\leqslant t\leqslant\beta$，并且$z_0=z_1(t_0)=z_2(t_0)$，$\alpha<t_0<\beta$. 它们在映射$w=f(z)$下的象分别为通过点$w_0=f(z_0)$的光滑曲线$\Gamma_1:w=w_1(t)=f(z_1(t))$和$\Gamma_2:w=w_2(t)=f(z_2(t))$. 根据旋转角的性质，有

$$\arg w'_1(t_0)-\arg z'_1(t)=\arg f'(z(t))=\arg w'_2(t_0)-\arg z'_2(t). \tag{6.5}$$

即

$$\arg w'_2(t_0)-\arg w'_1(t_0)=\arg z'_2(t)-\arg z'_1(t). \tag{6.6}$$

在上面的等式中，我们规定C_1和C_2在点z_0处的夹角为$\theta=\arg z'_2(t)-\arg z'_1(t)$，变换后的曲线$\Gamma_1$和$\Gamma_2$在点$w_0=f(z(t_0))$处的夹角为$\phi=\arg w'_2(t_0)-\arg w'_1(t_0)$，因此夹角满足$\theta=\phi$. 也就是说，在解析映射$w=f(z)$之下，导数不为零的点处，两条曲线的夹角与旋转方向都是保持不变的. 对于这样的性质，我们称为$f(z)$在点$z(t_0)$处是**保角**的. 上述性质总结为以下定理：

定理 6.1

若函数$w=f(z)$在区域D内解析，则映射$w=f(z)$在$f'(z)\neq0$的点处是保角的.

6.1.3 共形映射的定义

类似于式 (6.2)，复变函数$f(z)$在点$z_0=z(t_0)$处的导数定义为

$$f'(z_0)=\lim_{z\to z_0}\frac{f(z)-f(z_0)}{z-z_0}. \tag{6.7}$$

记$\widehat{zz_0}$为曲线$C:z=z(t)$，$\alpha\leqslant t\leqslant\beta$上由点$z_0$到点$z$的弧长，$\widehat{ww_0}$为曲线$\Gamma:w=f(z(t))$，$\alpha\leqslant t\leqslant\beta$上由点$w_0$到点$w$的弧长，则根据导数的定义有

$$|f'(z_0)|=\lim_{z\to z_0}\left|\frac{f(z)-f(z_0)}{z-z_0}\right|=\lim_{z\to z_0}\left|\frac{w-w_0}{z-z_0}\right|$$

$$=\lim_{z\to z_0}\frac{|w-w_0|}{\widehat{ww_0}}\cdot\frac{\widehat{ww_0}}{\widehat{zz_0}}\cdot\frac{\widehat{zz_0}}{|z-z_0|}=\lim_{z\to z_0}\frac{\widehat{ww_0}}{\widehat{zz_0}}. \tag{6.8}$$

在上述讨论中，曲线 C 为过 z_0 的任意一条曲线，所以式（6.8）表明象的弧长与原象的弧长之比的极限与曲线形状无关，且恒等于 $|f'(z_0)|$，即当 z 充分接近于 z_0 点时，有如下关系近似成立：

$$|f'(z_0)|=\frac{\widehat{ww_0}}{\widehat{zz_0}}. \tag{6.9}$$

上述性质说明 $|f'(z_0)|$ 为 $f(z)$ 在点 z_0 处的**伸缩率**. 当伸缩率 $|f'(z_0)|>1$ 时，原象之间的弧长经映射 $w=f(z)$ 变换后伸长，反之则缩短. 简单来说，解析函数 $w=f(z)$ 所构成的映射在每一个满足 $f'(z_0)\neq 0$ 的点 z_0 处都有一个与曲线 C 的形状、方向无关的伸缩率 $|f'(z_0)|$.

综合复变函数导数的辐角与模长的几何意义，可看到在解析函数所构成的映射在一定范围内保持了原象的形状. 具体来说，定义共形映射如下：

定义 6.1

凡在区域 D 内处处具有保角性和伸缩率不变性的单射称为 D 内的共形映射.

定理 6.2

若函数 $w=f(z)$ 在点 z_0 处解析，且 $f'(z_0)\neq 0$，则 $w=f(z)$ 在点 z_0 附近为共形映射.

除以上性质外，解析函数所确定的映射还具有保域性和保复合性.

定理 6.3

两个共形映射的复合仍然是一个共形映射.

定理 6.4

设 $w=f(z)$ 在区域 D 内解析，且不恒为常数，则 D 的象也是一个区域.

例 6.1　映射 $w=z+\dfrac{1}{z}$ 把圆周 $|z|=R$ 映射为椭圆 $w=u+\mathrm{i}v$，求椭圆的表

达式 u,v.

解：将圆周写为 $z=R(\cos\theta+\mathrm{i}\sin\theta)$，则变换后的表达式可以写为

$$\begin{aligned} w &= z+\frac{1}{z}=R(\cos\theta+\mathrm{i}\sin\theta)+\frac{1}{R(\cos\theta+\mathrm{i}\sin\theta)} \\ &= R(\cos\theta+\mathrm{i}\sin\theta)+\frac{1}{R}(\cos\theta-\mathrm{i}\sin\theta) \\ &= \left(R+\frac{1}{R}\right)\cos\theta+\mathrm{i}\left(R-\frac{1}{R}\right)\sin\theta. \end{aligned}$$

因此，椭圆表达式中 $u=\left(R+\frac{1}{R}\right)\cos\theta$，$v=\left(R-\frac{1}{R}\right)\sin\theta$.

共形映射在处理众多实际问题中扮演着关键角色. 以飞机飞行时气流对机翼产生升力的研究为例（这涉及对机翼剖面外部速度分布的分析，即常说的机翼剖面的绕流问题），由于机翼剖面的边界形状复杂，直接求解这一问题将会非常困难. 因此，一种常用的策略是将机翼剖面的外部区域映射到一个圆的外部区域，这样就把复杂的机翼剖面绕流问题转化为相对简单的圆柱剖面的绕流问题，如图 6－2 所示. 为了确保映射后能准确地还原问题的解，该映射必须是双射，即一一对应且逆映射存在. 同时，在机翼剖面外部区域的流速场中，流线与等位线是正交的，理想情况下，映射到圆的外部区域后，这种正交性应当被保持. 这就要求该映射具有保角性. 解析函数构成的共形映射恰好能满足这些条件，因此它成为解决此类问题的有效方法. 实际上，共形映射不仅在流体力学中解决了许多实际问题，它在弹性力学和电磁学等领域同样具有广泛的应用.

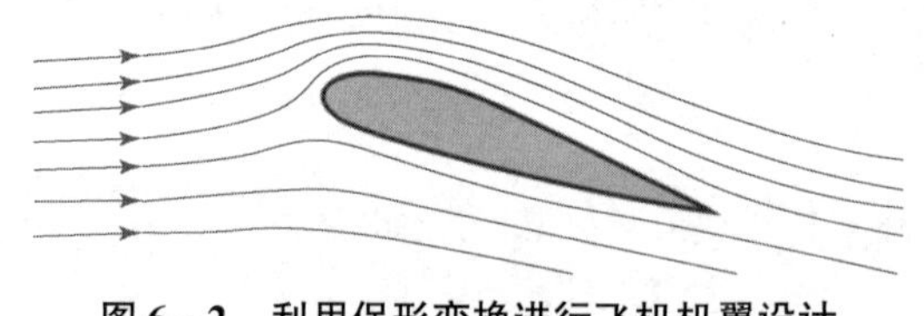

图 6－2　利用保形变换进行飞机机翼设计

例 6.2　求 $w=z^2$ 在 $z=\mathrm{i}$ 处的伸缩率和旋转角. 此变换将经过点 $z=\mathrm{i}$ 且平行于实轴正方向的曲线的切线方向变换成 w 平面上哪一个方向？并作图.

解：由 $f(z)=z^2$ 得 $f'(z)=2z$，$f'(\mathrm{i})=2\mathrm{i}$，故 $w=z^2$ 在 $z=\mathrm{i}$ 处的伸缩率为 $|f'(\mathrm{i})|=2$，旋转角为 $\arg f'(\mathrm{i})=\frac{\pi}{2}$. 又 $f(\mathrm{i})=-1$，由导数 $f'(\mathrm{i})$ 的辐角（旋

转角）的几何意义可知，过点 $z=\mathrm{i}$ 且平行于实轴正方向的曲线的切线方向经过映射 $w=z^2$ 后，变为过 $w=-1$ 且平行于虚轴正方向的曲线的切线方向（辐角增加$\frac{\pi}{2}$），如图 6－3 所示.

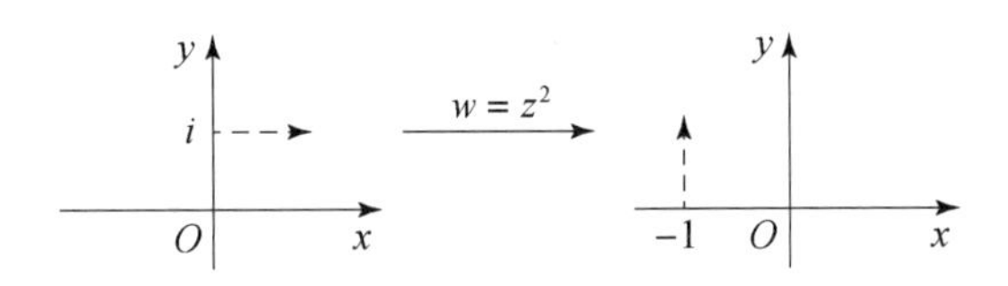

图 6－3　例 6.2 变换示意图

例 6.3　在整线性变换 $w=\mathrm{i}z$ 下，下列图形分别变成什么图形？

（1）以 $z_1=\mathrm{i}$，$z_2=-1$，$z_3=1$ 为顶点的三角形；

（2）闭圆 $|z-1|\leqslant 1$.

解：（1）因映射 $w=\mathrm{i}z=z\mathrm{e}^{\mathrm{i}\frac{\pi}{2}}$ 为一旋转变换（旋转角为$\frac{\pi}{2}$，这一结论也可由$\frac{\mathrm{d}w}{\mathrm{d}z}=\mathrm{i}$ 得到），所以它将以 $z_1=\mathrm{i}$，$z_2=-1$，$z_3=1$ 为顶点的三角形映射为以 $w_1=-1$，$w_2=-\mathrm{i}$，$w_3=\mathrm{i}$ 为顶点的三角形（即原图形绕原点旋转$\frac{\pi}{2}$角度）.

（2）将闭圆 $|z-1|\leqslant 1$ 映射为闭圆 $|w-\mathrm{i}|\leqslant 1$（原图形绕原点旋转$\frac{\pi}{2}$角度）.

6.2　分式线性函数及其性质

6.2.1　分式线性函数

分式线性映射是共形映射中比较简单但又很重要的一类映射，它的一般形式可以写为

$$w=\frac{az+b}{cz+d},\tag{6.10}$$

其中，a,b,c,d 是复数常数，并且 $ad\neq bc$. 特别地，当 $c=0$ 时，该函数称为线性映射. 为了保证映射的共形性，限制条件 $ad\neq bc$ 是必要的. 下面说明这一条件的必要性：当 $ad\neq bc$ 时，有

$$\frac{\mathrm{d}w}{\mathrm{d}z}=\frac{ad-bc}{(cz+d)^2}=0, \tag{6.11}$$

所以 $w\equiv 0$，即这一映射将整个 z 平面映射为 w 平面上的一个点.

对于一般的分式线性映射，它的逆映射可以写为

$$z=\frac{-dw+b}{cw-a},\quad ad\neq bc. \tag{6.12}$$

由式（6.12）可以看出，分式线性映射的逆映射也是分式线性映射. 此外，通过简单的验证可以得知分式线性映射的复合也是分式线性映射.

一个一般形式的分式线性映射可以通过三种简单映射的复合得到，对这三种简单映射的性质分析有助于我们理解分式线性映射的性质和含义，这三种基本映射为

$$w=z+h; \tag{6.13a}$$

$$w=kz; \tag{6.13b}$$

$$w=\frac{1}{z}. \tag{6.13c}$$

具体来说，当映射 $w=\dfrac{az+b}{cz+d}$ 中 $c\neq 0$ 时，有 $w=\dfrac{a}{d}z+\dfrac{b}{d}$，这是由式（6.13a）和式（6.13b）复合而成的. 当 $c\neq 0$ 时，分式线性映射（式（6.10））可以改写为

$$w=\frac{a}{c}+\frac{bc-ad}{c}\cdot\frac{1}{cz+d}, \tag{6.14}$$

即下述形如式（6.13）的映射的复合：

$$\xi=cz+d, \tag{6.15a}$$

$$\eta=\frac{1}{\xi}, \tag{6.15b}$$

$$w=\frac{bc-ad}{c}\eta+\frac{a}{c}. \tag{6.15c}$$

在正式讨论分式线性映射的性质之前，首先讨论这三类简单映射的几何含义. 为了便于讨论，将 w 平面看作与 z 平面重合的平面.

（1）平移映射：$w=z+h$.

根据复数加法的几何意义，在映射 $w=z+h$ 之下，点 z 沿着向量 h 的方向平移距离 $|h|$ 之后，就得到点 w，如图6－4所示.

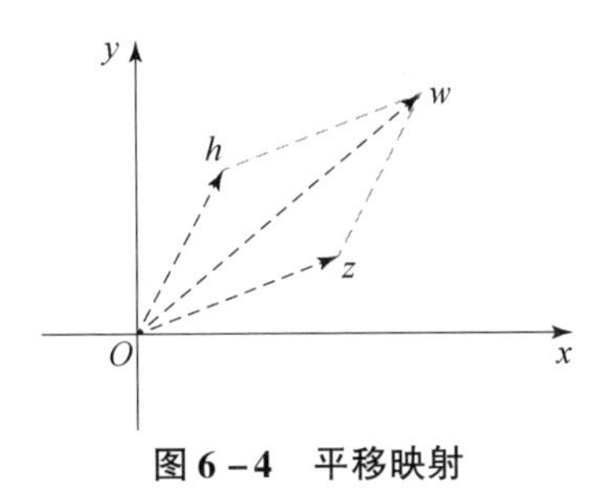

图6－4　平移映射

（2）旋转与伸缩映射：$w=az(a\neq 0)$.

设 $z=re^{i\theta}$，$a=\lambda e^{i\alpha}$，从而有

$$\arg w=\arg z+\alpha,\quad |w|=\lambda|z|. \tag{6.16}$$

因此 $w=az(a\neq 0)$ 可以看作先把 z 旋转一个角度 α，再将 z 伸长（或缩短）$|a|=\lambda$ 倍，得到 w，如图6－5所示.

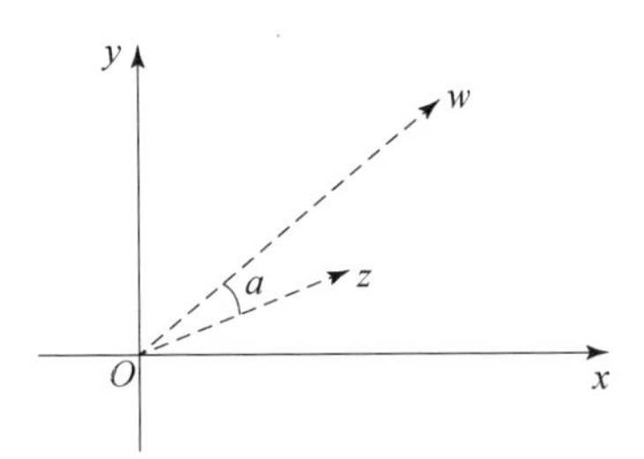

图6－5　旋转与伸缩映射

（3）反演映射：$w=\frac{1}{z}$.

为了从几何学上解释反演变换，首先给出关于圆周对称的定义如下：

定义6.2

设某个圆的半径为 R，点 A,B 位于从圆心 O 出发的射线上，且两线段满足 $\overline{OA}\cdot\overline{OB}=R^2$，则称点 A,B 是关于该圆周的对称点．此外，特殊规定圆心 O 的对称点为无穷远点 ∞.

映射 $w=\dfrac{1}{z}$ 可以分解为

$$w_1=\frac{1}{\bar{z}},\ w=\overline{w_1}. \tag{6.17}$$

如果设 $z=r\mathrm{e}^{\mathrm{i}\theta}$，则 $w_1=\dfrac{1}{\bar{z}}=\dfrac{1}{r}\mathrm{e}^{\mathrm{i}\theta}$，$w=\overline{w_1}=\dfrac{1}{r}\mathrm{e}^{-\mathrm{i}\theta}$，从而有等式 $|w_1||z|=1$. 由此可知，z 与 w_1 是关于圆周 $|z|=1$ 的一对对称点，且 w_1 和 w 是关于实轴的一对对称点. 因此，要从 z 得到点 $w=\dfrac{1}{z}$，可先作出点 z 关于圆周 $|z|=1$ 的对称点 w_1，再作出 w_1 关于实轴的对称点，即目标点 w，如图 6-6 所示.

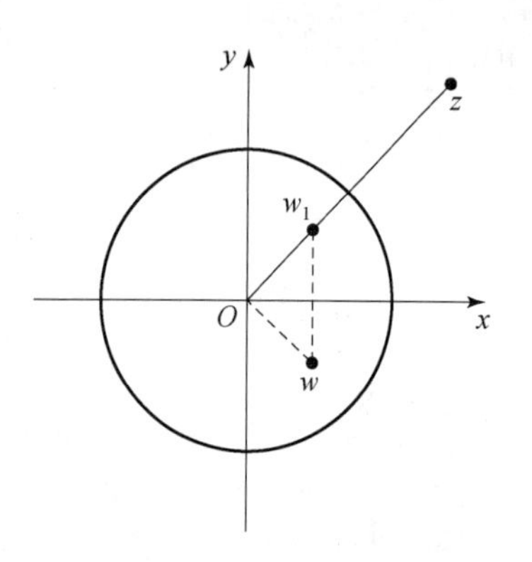

图 6-6　反演映射

特别地，为了便于后续对分式线性映射的讨论，我们对反演映射作出一些特殊规定和说明：

（1）规定反演映射 $w=\dfrac{1}{z}$ 把 $z=0$ 映射成 $w=\infty$，把 $z=\infty$ 映射成 $w=0$；

（2）规定函数 $f(z)$ 在 $z=\infty$ 及其邻域内的性态可以由函数 $\phi(\xi)$ 在 $\xi=0$ 点及其邻域内的性态决定，其中 $\xi=\dfrac{1}{z}$，$\phi(\xi)=f\left(\dfrac{1}{\xi}\right)$.

本节讨论了构成分式线性映射的三类基本映射的几何意义，6.2.2 节将利用这些性质讨论分式线性函数的映射性质.

6.2.2　分式线性函数的映射性质

一般的分式线性映射满足共形性（保角性）、保圆性、保对称性. 这可以由构成分式线性映射的几个基本映射的性质分析得到，下面逐一讨论.

1. 共形性

首先，讨论反演变换 $w=\dfrac{1}{z}$ 的共形性. 根据前一节中给出的特殊规定，反演变换在整个扩充复平面上是一一对应的.

当 $z\neq0$ 和 $z\neq\infty$ 时，$w=\dfrac{1}{z}$解析且$\dfrac{\mathrm{d}w}{\mathrm{d}z}=-\dfrac{1}{z^2}\neq0$；当 $z=\infty$ 时，令 $\xi=\dfrac{1}{z}$，则 $w=\phi(\xi)=\xi$. 显然 $\phi(\xi)$ 在点 $\xi=0$ 处解析，并且有 $\phi'(0)=1$. 因此，除 $z=0$ 外，映射 $w=\dfrac{1}{z}$是共形的. 对于 $w=\dfrac{1}{z}$在点 $z=0$ 的共形性，可由 $z=\dfrac{1}{w}$在 $w=\infty$ 点的共形性得到.

其次，讨论映射 $w=kz+h(k\neq0)$. 根据映射的性质可知，这个映射在扩充复平面上是一一对应的.

当 $z\neq\infty$ 时，$w=kz+h$ 解析并且$\dfrac{\mathrm{d}w}{\mathrm{d}z}=k\neq0$，因此该映射在 $z\neq\infty$ 处是共形的. 当 $z=\infty$ 时，令 $\xi=\dfrac{1}{z}$，$\eta=\dfrac{1}{w}$，这时映射 $w=kz+h$ 可以写为

$$\eta=\frac{\xi}{h\xi+k},\tag{6.18}$$

这一映射在 $\xi=0$ 处解析，并且 $\eta'(\xi)\big|_{\xi=0}=\dfrac{1}{k}\neq0$，因此 $\eta(\xi)$ 在 $\xi=0$ 处是共形的；又因为 $\xi=0$ 时 $\eta=0$，而 $w=\dfrac{1}{\eta}$在 $\eta=0$ 处是共形的，所以有 $w=kz+h$ 在 $z=\infty$ 处是共形的.

根据以上分析，我们得到如下定理：

定理 6.5

分式线性映射在扩充复平面上是一一对应的，并且是共形的.

2. 保圆性

若无特别说明，我们均把直线看作圆形的特例，即把直线看成半径无穷大的圆. 在这样的含义下，分式线性映射具有把圆周映射成圆周的性质，也就是保圆性.

首先，旋转伸缩与平移映射 $w=kz+h(k\neq0)$是将 z 映射为 w，并且对任何一个 z，伸缩率均为 $|k|$，旋转角均为 $\arg k$. 因此，$w=kz+h(k\neq0)$把圆周映射成圆周，把直线映射成直线，即具有保圆性.

其次，对于反演变换 $w=\dfrac{1}{z}$，记 $z=x+\mathrm{i}y$，$w=u+\mathrm{i}v$，则由 $w=\dfrac{1}{z}$得到

$$x=\frac{u}{u^2+v^2},\ y=\frac{v}{u^2+v^2}, \tag{6.19}$$

对于 z 平面上任意给定的圆（当 $A=0$ 时为直线）

$$A(x^2+y^2)+Bx+Cy+D=0, \tag{6.20}$$

它的象曲线满足方程

$$D(u^2+v^2)+Bu-Cv+A=0, \tag{6.21}$$

可以看出，象曲线仍然是一个圆（当 $D=0$ 时是一个直线）. 因此可以得到如下定理：

定理 6.6

在扩充复平面上，分式线性映射将圆周映射成圆周，即分式线性映射具有保圆性.

3. 保对称性

为了说明分式线性映射的保对称性，我们先阐明关于圆周对称的点的一个重要特性：z_1,z_2 是关于圆周 C：$|z-z_0|=R$ 的一对对称点的充要条件是经过 z_1,z_2 的任何圆周 Γ 都和 C 正交.

充分性：过点 z_0 作圆周 Γ 的切线，设切点为 z'. 由平面几何学可知，

$$|z'-z_0|^2=|z_2-z_0|\cdot|z_1-z_0|. \tag{6.22}$$

而由于 z_1,z_2 关于圆周 C 对称，因此根据对称性的定义，有 $|z_2-z_0|\cdot|z_1-z_0|=R^2$，即

$$|z'-z_0|=R, \tag{6.23}$$

这表明 z' 在 C 上，并且 Γ 的切线就是 C 的半径，因此 C 与 Γ 正交.

必要性：设 Γ 是经过 z_1,z_2 且与 C 正交的任意一个圆周，那么连接 z_1 与 z_2 的直线作为 Γ 的特殊情形（半径为无穷大）必与 C 正交，因此必过 z_0，又由于 Γ 与 C 于交点 z' 处正交，因此 C 的半径 z_0z' 就是 Γ 的切线. 所以有

$$|z_1-z_0|\cdot|z_2-z_0|=R^2, \tag{6.24}$$

即 z_1 与 z_2 是关于圆周 C 的一对对称点. 此外，还存在圆周 C 退化为直线时的证明，请读者自己完成.

由于上述过对称点的圆周与原圆周正交的性质，我们可以得到保对称性定

理如下：

定理 6.7

设点 z_1, z_2 是关于圆周 C 的一对对称点，那么在分式线性映射下，其象点 $w_1 = f(z_1)$ 与 $w_2 = f(z_2)$ 也是关于 C 的象曲线 Γ 的一对对称点.

由于分式线性映射的保角性和保圆性，在 z 平面内正交的圆周在 w 平面内也是正交的圆周，因此易证 w_1 与 w_2 是一对关于 Γ 的对称点.

6.2.3　唯一确定分式线性函数的条件

式（6.13）中含有四个常数参数 a, b, c, d，如果用这四个常数中的一个去除分子和分母，就可将分式中的四个常数化为三个，也就是分式线性映射中实际上只有三个独立的常数. 因此，只需要给定三个独立的常数，就可以确定一个分式线性映射. 具体来说，有如下定理：

定理 6.8

如果在 z 平面和 w 平面上分别给出三个相异的点 $z_1, z_2, z_3, w_1, w_2, w_3$，那么存在分式线性映射，将 $z_k(k=1,2,3)$ 依次映射成 $w_k(k=1,2,3)$，这样的映射是唯一的.

证明： 将分式线性映射写为 $w = \dfrac{az+b}{cz+d}(ad \neq bc)$，这一映射分别将 $z_k(k=1,2,3)$ 依次映射为 $w_k(k=1,2,3)$，即

$$w_k = \frac{az_k + b}{cz_k + d} \quad (k=1,2,3). \tag{6.25}$$

因此有

$$w - w_k = \frac{(z - z_k)(ad - bc)}{(cz+d)(cz_k + d)} \quad (k=1,2), \tag{6.26}$$

$$w_3 - w_k = \frac{(z_3 - z_k)(ad - bc)}{(cz_3+d)(cz_k + d)} \quad (k=1,2). \tag{6.27}$$

由此可得

$$\frac{w-w_1}{w-w_2}\cdot\frac{w_3-w_2}{w_3-w_1}=\frac{z-z_1}{z-z_2}\cdot\frac{z_3-z_2}{z_3-z_1}. \tag{6.28}$$

这就是所求的分式线性映射，这个分式线性映射是由所给定的点确定的，换句话说，对于给定的相异的点，所求的分式线性映射是唯一的. ■

上述定理说明：把三个不同的点依次映射到其他三个不同的点的分式线性映射是唯一存在的. 所以，在两个已知的圆周 C,C' 上，分别取定三个不同的点以后，一定能找到一个分式线性映射把 C 映射成 C'. 下面，讨论这一映射对圆周 C 内部区域的映射特点.

在具体分析映射特性之前，首先指出：在上述的分式线性映射下，C 的内部不是映射成 C'的内部，就是映射成 C'的外部. 换句话说，不可能有分式线性映射把 C 内部的一部分映射成 C'内部的一部分，而 C 内部的另一部分映射成 C'外部的一部分. 对这一特点的简单论证如下：设 z_1,z_2 为 C 内的任意两点，用直线段把 z_1,z_2 相连，并将线段 z_1z_2 的象记为弧$\widehat{w_1w_2}$. 采用反证法，假设 w_1 在 C'之外，w_2 在 C'之内，那么弧$\widehat{w_1w_2}$必与 C'交于一点 Q'. 根据分式线性映射的保圆性，Q'的象 Q 必在圆 C 上，这与 Q 也在线段 z_1z_2 上矛盾.

根据上述分式线性映射的特性，结合共形性、保圆性、保对称性，将分式线性映射的映射性质总结如下：

(1) 设 z_0 是简单闭曲线 C 内部的任意一点，如果 z_0 的象 w_0 在 C'的内部（外部），那么 C 的内部就映射成 C'的内部（外部），通常把这种确定映射区域的方法称为内点确定法.

(2) 在 C,C'上分别取三点 z_1,z_2,z_3,w_1,w_2,w_3. 如果 C 依 $z_1\to z_2\to z_3$ 的绕向与 C'依 $w_1\to w_2\to w_3$ 的绕向相同，那么 C 的内部就映射成 C'的内部；如果绕向相反，C 的内部就映射成 C'的外部.

(3) 如果 C 为圆周，C'为直线，那么 C 的内部映射成 C'的某一侧半平面，至于是哪一侧，可由绕向确定.

(4) 若两个圆周上没有点映射成无穷远点，则两圆周的弧所围成的区域映射成两圆弧所围成的区域.

(5) 若两个圆周上有一个点（非交点）映射成无穷远点，则两个圆周的弧所围成的区域映射成一条圆弧与一条直线所围成的区域.

（6）若两个圆周交点中的一个点映射成无穷远点，则两个圆周的弧所围成的区域映射成角形区域.

由于分式线性映射的保圆性与保对称性，在处理边界由圆周、圆弧、直线所组成的区域的共形映射问题时，分式线性映射起着十分重要的作用. 下面举例说明上述特性的应用.

例 6.4 求一个可以将上半平面 $\mathrm{Im}z>0$ 映射成单位圆 $|w|<1$ 的分式线性映射.

解： 在 z 平面的 x 轴上任意取定三点，如 $z_1=-1, z_2=0, z_3=1$，使它们依次对应于单位圆 $|w|<1$ 上的三点 $w_1=1, w_2=\mathrm{i}, w_3=-1$，那么根据定理 6.8，所求的分式线性映射可以写为

$$\frac{w-1}{w-\mathrm{i}}\cdot\frac{-1-\mathrm{i}}{-1-1}=\frac{z+1}{z-0}\cdot\frac{1-0}{1+\mathrm{i}}, \tag{6.29}$$

化简后，得到

$$w=\frac{z-\mathrm{i}}{\mathrm{i}z-1}. \tag{6.30}$$

即所求的一个分式线性映射.

注意，如果选取其他三对不同的点，也能够求得满足要求但不同于上述例子的分式线性映射. 由此可见，把上半平面映射成单位圆的分式线性映射不是唯一的.

例 6.5 如果 $w=\dfrac{az+b}{cz+d}$ 将单位圆周变成直线，其系数应满足什么条件？

解： 首先，为使分式线性函数 $w=\dfrac{az+b}{cz+d}$ 不为常数，应有 $ad-bc\neq 0$. 其次，若使 z 平面上的圆周 $|z|=1$ 变成 w 平面上的直线，则必使 w 平面上的圆周通过无穷远点∞，即直线过无穷远点，因而在 w 平面上对应点 z 必过点 $\dfrac{d}{c}$，且 $|z|=\left|-\dfrac{d}{c}\right|=1$. 因此，

$$ad-b\neq 0,\quad |c|=|d|$$

是系数应满足的条件.

例 6.6 分别求将上半 z 平面 $\mathrm{Im}z>0$ 共形映射成单位圆 $|w|<1$ 的分式线

性变换 $w=L(z)$，使符合条件：

(1) $L(i)=0$，$L'(\mathrm{i})>0$；

(2) $L(i)=0$，$\arg L'(\mathrm{i})=\frac{\pi}{2}$.

解：可设 $a=\mathrm{i}$，故 $\bar{a}=\bar{\mathrm{i}}=-\mathrm{i}$，所以可设将所求上半 z 平面保形变换成单位圆，使 $\mathrm{i}\to 0$ 的线性变换为

$$L(z)=k\cdot\frac{z-\mathrm{i}}{z+\mathrm{i}}.$$

(1) $L'(\mathrm{i})=L'(z)\big|_{z=\mathrm{i}}=k\left(\frac{z-\mathrm{i}}{z+\mathrm{i}}\right)'\Big|_{z=\mathrm{i}}=-k\cdot\frac{\mathrm{i}}{2}>0$，故 $k=\mathrm{i}$，从而

$$w=\mathrm{i}\cdot\frac{z-\mathrm{i}}{z+\mathrm{i}}.$$

(2) 设 $k=\mathrm{e}^{\theta}$，则 $L'(\mathrm{i})=\mathrm{e}^{-\theta}\cdot\frac{\mathrm{i}}{2}=\mathrm{e}^{\mathrm{i}(\theta+\frac{3}{2}\pi)}\cdot\frac{1}{2}$，故由 $\theta+\frac{3}{2}\pi=\frac{\pi}{2}$ 可知 $\theta=-\pi$，得

$$w=-\frac{z-\mathrm{i}}{z+\mathrm{i}}=\frac{\mathrm{i}-z}{\mathrm{i}+z}.$$

例 6.7 分别求将单位圆 $|z|<1$ 共形映射成单位圆 $|w|<1$ 的分式线性变换 $w=L(z)$，使符合条件：

(1) $L\left(\frac{1}{2}\right)=0$，$L(1)=-1$；

(2) $L\left(\frac{1}{2}\right)=0$，$\arg L'\left(\frac{1}{2}\right)=-\frac{\pi}{2}$.

解：将单位圆 $|z|<1$，保形变换成单位圆 $|w|<1$，使 $\frac{1}{2}\leftrightarrow 0$ 的线性变换为

$$w=k\cdot\frac{z-\frac{1}{2}}{z-\frac{1}{\frac{1}{2}}}=k\cdot\frac{z-\frac{1}{2}}{z-2}.$$

(1) 因为 $L(1)=-1$，有 $-1=k\cdot k\frac{1-\frac{1}{2}}{1-2}$，即 $k=2$，所以 $w=\frac{2z-1}{z-2}$.

（2）设 $k=e^{i\theta}$，有

$$L'(z)\big|_{z=\frac{1}{2}}=e^{i\theta}\cdot\frac{2z-1}{z-2}\bigg|_{z=\frac{1}{2}}=\frac{4}{9}e^{i(\theta+\pi)},$$

故 $\theta+\pi=-\frac{\pi}{2}$，即 $\theta=-\frac{3}{2}\pi$，所以 $w=i\cdot\frac{2z-1}{z-2}$.

例 6.8　求出将圆 $|z-4i|<2$ 变成半平面 $v>u$ 的共形映射，使得圆心变到 -4，而圆周上的点 $2i$ 变到 $w=0$.

解：将 w 平面内的半平面 $v>u$ 旋转 $-\frac{\pi}{4}$ 即得上半平面，即旋转变换 $w_1=we^{-\pi/4}$ 将半平面 $v>u$ 映射成上半平面 $\operatorname{Im}w_1>0$，其逆变换 $w=w_1e^{\pi/4}$ 将上半平面 $\operatorname{Im}w_1>0$ 映射为半平面 $v>u$. 平移与伸缩变换 $z_1=\frac{1}{2}(z-4i)$ 将圆域 $|z-4i|<2$ 映射为圆域 $|z_1|<1$，而上半平面 $\operatorname{Im}w_1>0$ 到单位圆 $|z_1|<1$ 的变换为 $z_1=e^{i}\frac{w_1-\lambda}{w_1-\bar{\lambda}}$（$\theta$ 为实数，$\operatorname{Im}\lambda>0$）或 $w_1=\frac{\bar{\lambda}_{z_1}-e^{i}\lambda}{z_1-e^{i\theta}}$ 复合上述变换得

$$w=e^{\pi/4}\left(\frac{\bar{\lambda}\,\frac{z-4i}{2}-e^{i\theta}\lambda}{\frac{z-4i}{2}-e^{i\theta}}\right).$$

这就是把圆域 $|z-4i|<2$ 映射成半平面 $v>u$ 的分式线性变换 $w(z)$. 由条件 $w(4i)=-4$，$w(2i)=0$，可得

$$\lambda e^{\pi/4}=-4\Rightarrow\lambda=-2\sqrt{2}(1-i),$$

$$e^{\frac{\pi}{4}i}\left(\frac{-\bar{\lambda}\,i-e^{i\theta}\lambda}{-i-e^{i\theta}}\right)=0\Rightarrow\bar{\lambda}\,i=e^{i\theta}\lambda,$$

$$e^{i\theta}=\frac{-\bar{\lambda}\,i}{\lambda}=1.$$

取 $\theta=0$，于是将 $\lambda=-2\sqrt{2}(1-i)$（或 $-4e^{-\frac{\pi}{4}}i$），$\theta=0$ 代入前述变换，即得所求的分式线性变换为

$$w=-4i\cdot\frac{z-2i}{z-2(1+2i)}.$$

6.3 几个初等函数构成的共形映射

6.3.1 幂函数 $w=z^n(n=2,3,\cdots)$

这个函数在 z 平面上处处可导，且除去原点外导数不为零. 因此，在 z 平面上除去原点外，由 $w=z^n$ 所构成的映射处处保角.

记

$$z=re^{i\theta},\ w=\rho e^{i\phi},\tag{6.31}$$

那么由 $w=z^n$ 可得

$$\rho=r^n,\ \phi=n\theta.\tag{6.32}$$

由此可见，在 $w=z^n$ 映射下，z 平面上的圆周 $|z|=r$ 映射成 w 平面上的圆周 $|w|=r^n$. 特别地，单位圆周 $|z|=1$ 映射成单位圆周 $|w|=1$、射线 $\arg z=\theta$ 映射成射线 $\arg w=n\theta$、正实轴 $\arg z=0$ 映射成正实轴 $\arg w=0$、角形域 $0<\arg z<\theta<\frac{2\pi}{n}$ 映射成角形域 $0<\arg w<n\theta$. 也就是说，在 $z=0$ 处的角形域的顶角经过幂函数映射后变为原来的 n 倍. 因此，如果要把角形域映射成角形域，通常利用幂函数.

6.3.2 指数函数 $w=e^z$

由于 $w=e^z$ 以 $2\pi i$ 为基本周期，所以对于 $w=e^z$ 的映射性质的研究只要在带形区域 $0<\operatorname{Im}z<2\pi$ 中进行即可. 设 $z=x+iy$，$0<y<2\pi$，$w=e^z=\rho e^{i\phi}$，即

$$\rho=e^x,\ \phi=y.\tag{6.33}$$

由此可见，直线 $y=y_0$ 变为射线 $\phi=y_0,\rho\geqslant0$；线段 $x=x_0,0<y<2\pi$ 变为圆周 $|w|=\rho=e^{x_0}$（去掉 $w=e^{x_0}$ 这一点）.

当实轴 $y=0$ 平行移动到直线 $y=2\pi$ 时，带形域 $0<\operatorname{Im}z<2\pi$ 映射成角形域 $0<\arg w<2\pi$，直线 $y=0$ 变为正实轴的上沿，直线 $y=2\pi$ 变为正实轴的下沿，它们之间的点一一对应. 一般地，$w=e^z$ 把带形域 $0<\operatorname{Im}z<h(0<h\leqslant2\pi)$ 变为角形域 $0<\arg w<h$. 又由于 $(e^z)'=e^z\neq0$，所以映射 $w=e^z$ 是保形映射. 因此，如果要把带形域保形映射成角形域，通常利用指数函数 $w=e^z$.

例 6.9　求解析函数，将区域 $-\frac{\pi}{4}<\arg z<\frac{\pi}{2}$ 共形映射成上半平面，使 $z=1-\mathrm{i},\mathrm{i},0$ 分别变成 $w=2,-1,0$.

解： 易知 $\xi=\left[\left(\mathrm{e}^{\frac{\pi^4}{4}}\cdot z\right)^{\frac{1}{3}}\right]^4=\left(\mathrm{e}^{\frac{\pi}{4}\mathrm{i}}\cdot z\right)^{\frac{4}{3}}$ 将指定区域变成上半平面，不过 $z=1-\mathrm{i},\mathrm{i},0$ 变成 $\xi=\sqrt[3]{4},-1,0$. 现再作上半平面到上半平面的分式线性变换，使 $\xi=\sqrt[3]{4},-1,0$ 变成 $w=2,-1,0$. 此变换为

$$w=\frac{2(\sqrt[3]{4}+1)\xi}{(\sqrt[3]{4}-2)\xi+3\sqrt[3]{4}}.$$

复合两个变换，即得所求的变换为

$$w=\frac{2(\sqrt[3]{4}+1)\left(\mathrm{e}^{\frac{\pi}{4}\mathrm{i}}z\right)^{\frac{4}{3}}}{(\sqrt[3]{4}-2)\left(\mathrm{e}^{\frac{\pi}{4}\mathrm{i}}z\right)^{\frac{4}{3}}+3\sqrt[3]{4}}.$$

例 6.10　求解析函数，把交角为 $\frac{\pi}{n}$ 的两条圆弧所构成的区域，共形映射成上半平面.

解： 用 a,b 表示两个圆弧的交点. 我们先设法将两条圆弧变成从原点出发的两条射线. 为此，作分式线性变换

$$\xi=k\frac{z-a}{z-b},$$

其中，k 是一个常数. 选择适当的 k，就可以使给定的区域共形映射成角形区域

$$0<\arg\xi<\frac{\pi}{n},$$

然后可通过幂函数 $w=\xi^n$ 共形映射成上半平面. 故所求变换具有如下形式：

$$w=\left(k\frac{z-a}{z-b}\right)^n.$$

6.4　关于保角映射的一般性定理*

6.4.1　最大模原理与施瓦茨引理

为了更好地说明后文中的保形映射的黎曼定理，本节首先介绍最大模原理

与施瓦茨引理，这些都是解析函数的重要性质. 最大模原理与施瓦茨引理除了可以对保形映射的性质分析外，也有许多其他重要应用.

定理 6.9

如果函数 $w=f(z)$ 在区域 D 内解析，并且 $|f(z)|$ 在 D 内某一点达到最大值，那么 $f(z)$ 在 D 内恒等于一个常数.

证明：假定 $f(z)$ 在 D 内不恒等于一个常数，那么 $D_1=f(D)$ 是一区域. 令 $|f(z)|$ 在 $z_0\in D$ 达到极大值，则有 $w_0=f(z_0)\in D_1$，且 w_0 必有一充分小的邻域包含在 D_1 内. 于是在这邻域内可找到一点 w'，满足 $|w'|>|w_0|$，从而在 D 内有一点 z'，满足 $w'=f(z')$ 及 $|f(z')|>|f(z_0)|$，这与 $|f(z)|$ 在 D 内某一点达到最大值矛盾. 因此，$f(z)$ 在 D 内恒等于一个常数.

定理 6.9 说明，在一区域内不恒等于常数的解析函数，它的模不可能在该区域达到最大值. 根据这一定理，我们可以进一步证明最大模原理如下，其证明过程（根据定理 6.9）比较简单，此处略过.

定理 6.10（最大模原理）

设 D 是一有界区域，它的边界是有限条简单闭合曲线 C. 设函数 $f(z)$ 在区域 D 及其边界所组成的闭区域 $\overline{D}$ 上连续，在 D 内解析，并且不恒等于常数. 设 M 是 $|f(z)|$ 在闭区域 $\overline{D}$ 上的最大值，即 $f(z)$ 在 $\overline{D}$ 上的最大模，那么 $f(z)$ 在边界 C 上且只在边界 C 上达到最大模.

基于最大模原理，我们可以得到施瓦茨引理如下：

引理 6.1（施瓦茨引理）

设 $f(z)$ 是在开圆盘 $|z|<1$ 内的解析函数. 设 $f(0)=0$，并且当 $|z|<1$ 时 $|f(z)|<1$. 在上述条件下，有：

（1）当 $|z|<1$ 时，$|f(z)|\leqslant|z|$；

（2）$|f'(0)|\leqslant 1$；

（3）如果对于某一复数 $z_0\,(0<|z_0|<1)$，$|f(z_0)|=|z_0|$，或者如果 $|f'(0)|=1$，那么在 $|z|<1$ 内有

$$f(z)=\lambda z, \tag{6.34}$$

其中，λ 是一个复常数，并且 $|\lambda|=1$.

证明：将 $f(z)$ 在 $|z|<1$ 内进行泰勒展开：

$$f(z)=\alpha_1 z+\alpha_2 z^2+\cdots+\alpha_n z^n+\cdots=zg(z), \tag{6.35}$$

其中，$g(z)=\alpha_1+\alpha_2 z+\cdots$ 在 $|z|<1$ 内解析，且满足 $|f(z)|<1$. 因此对于任意 $r=|z|\ (0<r<1)$，有

$$|g(z)|=\left|\frac{f(z)}{z}\right|<\frac{1}{r}. \tag{6.36}$$

根据最大模原理，对于闭区域 $|z|\leqslant r$，仍然有

$$|g(z)|\leqslant\frac{1}{r}. \tag{6.37}$$

令 r 取极限，得到

$$\lim_{r\to 1}|g(z)|\leqslant 1. \tag{6.38}$$

综上可得，当 $0<|z|<1$ 时，有

$$\left|\frac{f(z)}{z}\right|\leqslant 1,\quad |f(z)|\leqslant|z|. \tag{6.39}$$

这证明了结论（1）和（2）.

设在某一点 $z_0(0<|z_0|<1)$，$|f(z_0)|=|z_0|$，那么 $|g(z)|$ 在 z_0 处达到它的最大值 1. 或者，设 $|f'(0)|=1$，那么当取 $z\to 0$ 时的极限有 $|g(0)|=|f'(0)|=1$，即 $|g(z)|$ 在 0 处得到它的最大值 1. 因此由最大模原理，在这两种情况下，在 $|z|<1$ 内，$g(z)=\lambda$，其中 λ 是一个模为 1 的复常数，证毕. ■

6.4.2　黎曼存在定理与边界对应定理

很多实际问题需要我们将一个给定的区域通过共形映射转换成另一个区域. 因此，我们自然而然地考虑共形映射在理论中的一个基本问题：在扩充平面上给定两个单连通区域 D 与 G，是否存在一个解析函数，使得 D 共形映射成 G? 换句话说，单连通区域 D 能否通过共形映射变换为单连通区域 G? 这种共形映射是否唯一?

将上述问题简化，可以表述为：在扩充平面上，对于任意给定的单连通区

域 D，是否存在共形映射将其映射成单位圆？这样的映射如果存在，是否唯一？

在简化后的问题中，如果存在性被满足，并且已知唯一性条件，那么我们可以先将区域 D 通过共形映射映射成单位圆，然后将这个单位圆通过共形映射映射成区域 G. 这两个映射复合起来将 D 共形映射成 G，并且可以确定此时的唯一性条件.

在上述简化后的基本问题中，有两种极端情形是找不到这样的映射的：一种是区域 D 是扩充复平面（这时 D 无边界点）；另一种是区域 D 是扩充复平面除去一点（这时 D 只有一个边界点）. 对于这两种情形，无论哪一种，如果存在共形映射 $w=f(z)$ 将它们共形映射成单位圆，则由定理 6.9 可知 $f(z)$ 必恒为常数. 除了这两种情形，即存在共形映射将给定的单连通区域 D 共形映射成单位圆，这就是我们即将证明的黎曼存在定理.

定理 6.11（黎曼定在定理）

扩充 z 平面上的单连通区域 D，其边界不止一点，则有一个在 D 内的单叶解析函数 $w=f(z)$，它将区域 D 共形映射成单位圆 $|w|<1$；且当符合条件

$$f(a)=0,\ f'(a)>0,\ (a\in D) \tag{6.40}$$

时，这种函数 $f(z)$ 是唯一的.

说明：本定理的证明较为困难，这里不详细讨论. 读者可参考普里瓦洛夫的著作《复变函数引论》第十二章第六节，了解完整的证明.

上面的讨论仅适用于区域内部之间的共形映射，无法适用于区域的边界. 下面我们不加证明地给出两个有关边界对应的定理.

定理 6.12（边界对应定理）

记：(1) 有界单连通区域 D 与 G 的边界分别为 C 与 Γ；

(2) $w=f(z)$ 将 D 共形映射成 G.

则 $f(z)$ 可以扩张成 $F(z)$，使在 D 内 $F(z)=f(z)$，在 $\overline{D}=D+C$ 上 $F(z)$ 连续，并将 C 双方单值且双方连续地变成 Γ.

定理 6.13（边界对应定理的逆定理）

设单连通区域 D 和 G 分别是两条围线 C 和 Γ 的内部，且存在函数 $w=f(z)$ 满足下列条件：(1) 函数 $w=f(z)$ 在区域 D 内解析，且在 $D+C$ 上连续；(2) 函数 $w=f(z)$ 将 C 双方单值地变成 Γ. 则存在下面两条性质：

(1) 函数 $w=f(z)$ 在区域 D 内单叶；

(2) $G=f(D)$，即函数 $w=f(z)$ 将区域 D 共形映射成 G.

6.5　传递函数与奈奎斯特判据*

6.5.1　传递函数与系统稳定性

在控制理论中，传递函数用于描述线性系统的输入、输出之间的动态关系，对于连续时间输入信号 $x(t)$ 和输出信号 $y(t)$ 来说，传递函数 $G(s)$ 所反映的就是零状态条件下输入信号的拉普拉斯变换 $G(s)=\mathcal{L}\{x(t)\}$ 与输出信号的拉普拉斯变换 $Y(s)=\mathcal{L}\{y(t)\}$ 之间的线性映射关系：

$$Y(s)=G(s)X(s),\tag{6.41}$$

也就是

$$G(s)=\frac{Y(s)}{X(s)}=\frac{\mathcal{L}\{y(t)\}}{\mathcal{L}\{x(t)\}}.\tag{6.42}$$

在上面的例子中，$G(s)$ 是系统的前向通路传递函数，设反馈通路的传递函数是 $H(s)$，则系统的开环传递函数可以写作 $G(s)H(s)$，闭环传递函数可以写为

$$G_{\mathrm{c}}=\frac{G(s)}{1+G(s)H(s)}.\tag{6.43}$$

将系统的开环传递函数写为

$$G(s)H(s)=\frac{N(s)}{D(s)},\tag{6.44}$$

式中，$N(s)$ 和 $D(s)$ 分别表示复分式的分子、分母. 由此，系统的闭环特征方程 $F(s)$ 可以写为

$$F(s):=1+G(s)H(s)=\frac{D(s)+N(s)}{D(s)}=:F(s). \tag{6.45}$$

式（6.45）说明：$F(s)$的零点是系统的闭环极点，$F(s)$的极点是系统的开环极点.

系统闭环特征方程$1+G(s)H(s)$的根的位置决定了闭环系统的稳定性和动态特性. 具体来说，控制系统的闭环传递函数的极点在复平面左半平面时系统稳定，在虚轴上时临界稳定，在右半平面时系统不稳定. 也就是说，分析闭环控制系统的稳态性能与动态性能，就需要求闭环特征方程的根. 然而，高阶系统特征方程求根的过程一般比较复杂. 为了判断系统的闭环稳定性，我们主要关心系统的闭环特征方程在复平面的右半平面是否有特征根，这一问题可以通过奈奎斯特稳定判据进行判断.

6.5.2 奈奎斯特稳定判据

奈奎斯特稳定判据的核心是柯西围线映射定理，它的具体内容包括：

定理6.14

除奇点外，$F(s)$是s的单值函数，则它具有如下性质：

(1) 当s在复平面上的变化轨迹为一条封闭曲线C时，在$F(s)$平面上也有一条封闭曲线C'与之对应. 即当s连续取封闭曲线上的数值时，$F(s)$也将沿着另一条曲线连续变化，把C'称作C的围线映射，它们分别是s和$F(s)$的矢量端点变化的轨迹.

(2) 当s平面上的围线C不包围$F(s)$的零点和极点时，围线C'必定不包围$F(s)$平面的坐标原点.

(3) 如果C以顺时针方向包围$F(s)$的一个零点，C'将以顺时针方向包围原点一次；如果C以顺时针方向包围$F(s)$的一个极点，C'将以逆时针方向包围原点一次.

(4) 如果围线C以顺时针方向包围$F(s)$的Z个零点和P个极点，则围线映射C'将以顺时针方向包围$F(s)$原点N次，则有$N=Z-P$. 若$Z>P$，即$N>0$，则为顺时针包围；若$Z<P$，即$N<0$，则为逆时针包围；若$Z=P$，即$N=0$，则不包围.

前一小节中提到，系统的闭环特征方程 $F(s)=1+G(s)H(s)$ 的特征根决定了系统的稳定性．具体来说，系统闭环稳定当且仅当闭环特征方程在复平面的右半平面没有零点．因此，为考察系统在右半平面的零（极）点特性，所考虑的围线应当包围整个右半平面．一般来说，取 s 平面上的封闭围线 C 包围整个右半平面，这一封闭围线由整个虚轴（从 $s=-\mathrm{i}\infty$ 到 $s=\mathrm{i}\infty$）和右半平面上半径为无穷大的半圆轨迹构成，这一封闭围线 C 称为奈奎斯特轨迹．此时，闭环特征方程 $F(s)$ 在 s 平面的右半平面是否存在零（极）点的问题，可以转化为奈奎斯特轨迹是否包围 $F(s)$ 的零（极）点问题．进一步，根据柯西围线映射定理，奈奎斯特轨迹包围 $F(s)$ 的零（极）点的状态可以通过其围线映射 $F(s)$ 包围坐标原点的状态．

闭环系统稳定等价于奈奎斯特轨迹内不包围 $F(s)$ 的零点，即 $Z=0$．然而，$F(s)$ 包围坐标原点的情况仅能提供 $F(s)$ 零（极）点的差值信息．因此，我们不仅需要知道奈奎斯特轨迹的映射，考察其包围原点的情况，还需要知道 s 右半平面内的开环极点数（即 $F(s)$ 的极点）．由于 $F(s)$ 与开环传递函数 $G(s)H(s)$ 仅相差一个单位，即 $F(s)$ 向负实轴方向平行移动 1 个单位就成为系统的开环传递函数频率特性曲线 $G(\mathrm{i}\omega)H(\mathrm{i}\omega)$，而 $F(\mathrm{i}\omega)$ 曲线对原点的包围情况与 $G(\mathrm{i}\omega)H(\mathrm{i}\omega)$ 曲线对 $(-1,\mathrm{i}0)$ 点的包围情况相同．因此，可以利用系统的开环频率特性 $G(\mathrm{i}\omega)H(\mathrm{i}\omega)$ 判别系统的闭环稳定性，即奈奎斯特稳定判据．

定理 6.15（奈奎斯特稳定判据）

（1）当系统为开环稳定时，只有当开环频率特性 $G(\mathrm{i}\omega)H(\mathrm{i}\omega)$ 不包围 $(-1,\mathrm{i}0)$ 点，闭环系统才是稳定的．

（2）当开环系统不稳定时，若有 P 个开环极点在 s 平面右半平面，只有当 $G(\mathrm{i}\omega)H(\mathrm{i}\omega)$ 逆时针包围 $(-1,\mathrm{i}0)$ 点 P 次，闭环系统才是稳定的．

6.6　本章习题

1. 试求映射 $w=z^2$ 在 z_0 处的旋转角与伸缩率．

(1) $z_0=1$;

(2) $z_0=-\frac{1}{4}$;

(3) $z_0=1+i$;

(4) $z_0=-3+4i$.

2. 在映射 $w=\frac{1}{z}$ 下，求下列曲线的象曲线：

(1) $x^2+y^2=4$;

(2) $y=x$;

(3) $x=1$;

(4) $(x-1)^2+y^2=1$.

3. 下列函数将下列区域映射成什么区域？

(1) $x>0$，$y>0$，$w=\frac{z-i}{z+i}$;

(2) $\operatorname{Im}z>0$，$w=(1+i)z$;

(3) $0<\arg z<\frac{\pi}{4}$，$w=\frac{z}{z-1}$;

(4) $\operatorname{Re}z>0$，$0<\operatorname{Im}z<1$，$w=\frac{i}{z}$.

4. 映射 $w=z^2$ 把上半单位圆域 $\{z: |z|<1, \operatorname{Im}z>0\}$ 映射成什么区域？

5. 求将点 $-1,\infty,i$ 分别依次映射为下列各点的分式线性映射：

(1) $i,1,1+i$;

(2) $\infty,i,1$;

(3) $0,\infty,1$.

6. 求分式线性映射 $w=f(z)$，使上半平面映射为单位圆内部并满足下列条件：

(1) $f(i)=0$，$f(-1)=1$;

(2) $f(i)=0$，$\arg f'(i)=0$;

(3) $f(1)=1$，$f(i)=1/\sqrt{5}$;

(4) $f(i)=0$，$\arg f'(i)=\frac{\pi}{2}$.

6.7　习题解答

1. $f'(z)=2z$.

（1）$z_0=1$，$f'(1)=2$，故 $w=z^2$ 在 $z_0=1$ 处的旋转角为 $\theta=0$，伸缩率为2.

（2）$z_0=-\frac{1}{4}$，$f'\left(-\frac{1}{4}\right)=-\frac{1}{2}$，故 $w=z^2$ 在 $z_0=-\frac{1}{4}$ 处的旋转角为 $\theta=\pi$，伸缩率为$\frac{1}{2}$.

（3）$z_0=1+\mathrm{i}$，$f'(1+\mathrm{i})=2(1+\mathrm{i})$，故 $w=z^2$ 在 $z_0=1+\mathrm{i}$ 处的旋转角为 $\theta=\frac{\pi}{4}$，伸缩率为 $2\sqrt{2}$.

（4）$z_0=-3+4\mathrm{i}$，$f'(-3+4\mathrm{i})=2(-3+4\mathrm{i})$，故 $w=z^2$ 在 $z_0=-3+4\mathrm{i}$ 处的旋转角为$\theta=\pi-\arctan\frac{4}{3}$，伸缩率为10.

2.（1）象曲线为 $u^2+v^2=\frac{1}{4}$，亦即圆心在原点，半径为$\frac{1}{2}$的圆.

（2）$y=x$ 即 $z+\bar{z}=\frac{z-\bar{z}}{\mathrm{i}}$，在 $w=\frac{1}{z}$下化为 $w+\bar{w}=-\frac{w-\bar{w}}{\mathrm{i}}$，即 $v=-u$.

（3）$x=1$ 即 $\frac{z+\bar{z}}{2}=1\xrightarrow{w=\frac{1}{z}}w+\bar{w}=2w\cdot\bar{w}$，即

$$\left(u-\frac{1}{2}\right)^2+v^2=\frac{1}{4}$$

（4）$(x-1)^2+y^2=1\Leftrightarrow z\cdot\bar{z}-z-\bar{z}=0\xrightarrow{w=\frac{1}{z}}w+\bar{w}=1\Leftrightarrow u=\frac{1}{2}$.

3.（1）$\begin{cases}u^2+v^2<1,\\ v<0.\end{cases}$

（2）$\operatorname{Im}w>\operatorname{Re}w$.

（3）$\begin{cases}\left(u-\frac{1}{2}\right)^2+\left(v+\frac{1}{2}\right)^2>\frac{1}{2},\\ \operatorname{Im}w<0.\end{cases}$

（4）区域由边界线 C_1：$z=x+\mathrm{i}$，$x>0$，C_2：$z=y\mathrm{i}$，$0<y<1$ 及 C_3：$z=x$，

$x>0$ 组成，设其象曲线分别为 $L(C_1)$，$L(C_2)$ 和 $L(C_3)$.

$$L(C_1):w=\frac{\mathrm{i}}{z}=\frac{\mathrm{i}}{x+\mathrm{i}}=\frac{1+\mathrm{i}x}{x^2+1}=u+\mathrm{i}v,$$

即得映射后为

$$u^2+v^2=u(v>0).$$

$$L(C_2):w=\frac{\mathrm{i}}{y\mathrm{i}}=\frac{1}{y},$$

即得映射后为

$$u>1,\ v=0.$$

$$L(C_3):w=\frac{\mathrm{i}}{x},$$

即得映射后为

$$u=0,\ v>0.$$

4. $w=z^2$ 将上半单位圆域映射为 $|w|<1$ 且沿 0 到 1 的半径有割痕.

5. （1）$w=\dfrac{z+2+\mathrm{i}}{z+2-\mathrm{i}}$.

（2）$w=\mathrm{i}+\dfrac{2}{z+1}$.

（3）$w=\dfrac{(1-\mathrm{i})(z+1)}{2}$.

6. （1）$f(z)=-\mathrm{i}\dfrac{z-\mathrm{i}}{z+\mathrm{i}}$.

（2）$w=f(z)=k\cdot\dfrac{z-\mathrm{i}}{z+\mathrm{i}}$，$|k|=1$.

$$f'(z)=k\cdot\frac{2\mathrm{i}}{(z+\mathrm{i})^2},\ f'(\mathrm{i})=k\cdot\left(-\frac{\mathrm{i}}{2}\right)>0.$$

（3）$w=\dfrac{3z+(\sqrt{5}-2\mathrm{i})}{(\sqrt{5}-2\mathrm{i})z+3}$.

（4）$\theta=\pi$，即 $f(z)=-\dfrac{z-\mathrm{i}}{z+\mathrm{i}}$.

参 考 文 献

[1] TAYLOR M E. Introduction to complex analysis [M]. Rhode Island: American Mathematical Society, 2020.

[2] NEEDHAM T. Visual complex analysis [M]. New York: Oxford University Press, 2023.

[3] SETYAWAN F, PRASETYO P W, NURNUGROHO B A. Developing complex analysis textbook to enhance students' critical thinking [J]. Journal of research and advances in mathematics education, 2020, 5 (1): 26 -37.

[4] STEIN E M, SHAKARCHI R. Complex analysis [M]. Princeton: Princeton University Press, 2010.

[5] 郑建华. 复变函数 [M]. 北京：清华大学出版社，2006.

[6] 杨纶标，郝志峰. 复变函数 [M]. 北京：科学出版社，2003.

[7] 盖云英，包革军. 复变函数与积分变换 [M]. 北京：科学出版社，2001.

[8] 王淑君，刘红芳，张文华. 浅谈复变函数与积分变换在自动控制专业中的应用 [J]. 黑龙江科技信息，2008 (28)：175.

[9] 拉夫连季耶夫. 复变函数论方法 [M]. 6 版. 施祥林，译. 北京：高等教育出版社，2006.

[10] 李红. 复变函数与积分变换 [M]. 5 版. 北京：高等教育出版社，2018.

[11] 谭小江，伍胜健. 复变函数简明教程 [M]. 北京：北京大学出版社，2006.

[12] 钟玉泉. 复变函数论 [M]. 北京：高等教育出版社，2004.

[13] 余家荣，路见可. 复变函数专题选讲 [M]. 北京：高等教育出版社，2012.

[14] 沃尔科维斯基. 复变函数论习题集 [M]. 宋国栋，译. 上海：上海科学技术出版社，1986.

[15] 肖荫庵，李殿国. 复变函数论讲义 [M]. 沈阳：东北大学出版社，1987.

[16] MARSDEN J E, HOFFMAN M J. Basic complex analysis [M]. New York: Mathematical Gazette, 1973.

[17] 庹克平，李凤友. 函数论方法 [M]. 天津：天津师范学院出版社，1980.

[18] 郑君里，应启珩，杨为理. 信号与系统 [M]. 北京：高等教育出版社，2000.

[19] BEERENDS R J, TER MORSCHE H G, VAN DEN BERG J C, et al. Fourier and Laplace transforms [M]. Cambridge: Cambridge University Press, 2003.

[20] IAN NAISMITH S. Fourier transforms [M]. Whitefish: Literary Licensing, 1995.

[21] HWANG C, HSIAO C Y. A new approach to mixed H_2/H_∞ optimal PI/PID controller design [J]. IFAC Proceedings Volumes, 2002, 35 (1): 325 –330.

[22] KEALY T, O'DWYER A. Analytical ISE calculation and optimum control system design [C]//Proceedings of the Irish Signals and Systems Conference, 2003: 418 –423.

[23] 普里瓦洛夫. 复变函数引论 [M]. 北京大学数学系，译. 北京：高等教育出版社，1953.

附录 A

复变函数与傅里叶变换

在工科数学分析中，介绍过周期函数的傅里叶级数展开方式和收敛定理. 如果$f(t)$是周期函数，则在整个实数轴上的“大部分”点处可将其表示成傅里叶级数. 假定$f(t)$定义在整个实数轴上，但不是周期函数. 这时，虽然不能在整个实数轴上将$f(t)$表示成关于三角函数的级数，但是可以将其表示成关于三角函数的积分. 下面给出非周期函数的这种积分表示方式.

定义 A. 1

设函数$f(t)$在$(-\infty,\infty)$上绝对可积，则称

$$\int_0^{\infty}[A_\omega\cos(\omega t)+B_\omega\sin(\omega t)]\mathrm{d}\omega \tag{1.1}$$

为$f(t)$的傅里叶积分. 其中，

$$A_\omega=\frac{1}{\pi}\int_{-\infty}^{\infty}f(\tau)\cos(\omega\tau)\mathrm{d}\tau,\ B_\omega=\frac{1}{\pi}\int_{-\infty}^{\infty}f(\tau)\sin(\omega\tau)\mathrm{d}\tau \tag{1.2}$$

称为$f(t)$的傅里叶积分系数. 结合三角函数的复指数形式，可将傅里叶积分和傅里叶积分系数表示为复数形式. 复指数形式的傅里叶积分公式为

$$f(t)=\frac{1}{2\pi}\int_{-\infty}^{\infty}C_\omega\mathrm{e}^{\mathrm{i}\omega t}\mathrm{d}\omega. \tag{1.3}$$

称

$$C_\omega=\int_{-\infty}^{\infty}f(\tau)\mathrm{e}^{-\mathrm{i}\omega\tau}\mathrm{d}\tau \tag{1.4}$$

为复指数形式的傅里叶积分系数.

与傅里叶级数一样，定义在$(-\infty,\infty)$的非周期函数$f(t)$需满足一定条件才能用傅里叶积分表示，如以下定理所示.

定理 A.1

若函数$f(t)$在$(-\infty,\infty)$满足以下条件：

(1) $f(t)$在$(-\infty,\infty)$上绝对可积，即积分$\int_{-\infty}^{\infty}|f(t)|\mathrm{d}t$收敛；

(2) 在任一有限区间$(-L,L)$上满足狄利克雷条件.

则对任意的点t，$f(t)$的傅里叶积分式收敛，且有

$$\frac{1}{2}[f(t^+)+f(t^-)]=\int_0^{\infty}[A_\omega\cos(\omega t)+B_\omega\sin(\omega t)]\mathrm{d}\omega.$$

定义 A.2

积分$\int_{-\infty}^{\infty}f(t)\mathrm{e}^{-\mathrm{i}\omega t}\mathrm{d}t$称为函数$f(t)$的傅里叶变换（傅里叶正变换），记为$\mathcal{F}[f(t)]$，简记为$F(\omega)$，即有

$$F(\omega)=\mathcal{F}[f(t)]=\int_{-\infty}^{\infty}f(t)\mathrm{e}^{-\mathrm{i}\omega t}\mathrm{d}t. \tag{1.5}$$

相应地，称$f(t)=\frac{1}{2\pi}\int_{-\infty}^{\infty}F(\omega)\mathrm{e}^{\mathrm{i}\omega t}\mathrm{d}\omega$为函数$F(\omega)$的傅里叶逆变换，记为$\mathcal{F}^{-1}[F(\omega)]$，即有

$$f(t)=\mathcal{F}^{-1}[F(\omega)]=\frac{1}{2\pi}\int_{-\infty}^{\infty}F(\omega)\mathrm{e}^{\mathrm{i}\omega t}\mathrm{d}\omega. \tag{1.6}$$

例 A.1 已知复变量的正弦函数表达式为$\sin z=\frac{\mathrm{e}^{\mathrm{i}z}-\mathrm{e}^{-\mathrm{i}z}}{2\mathrm{i}}$，求矩形脉冲函数

$$f(t)=\begin{cases}1, & |t|\leqslant\delta,\\ 0, & |t|>\delta \quad (\delta>0)\end{cases}$$

的傅里叶变换和傅里叶积分表达式.

解： 由傅里叶变换的定义得

$$\mathcal{F}[f(t)]=F(\omega)=\int_{-\infty}^{+\infty}f(t)\mathrm{e}^{-\mathrm{i}\omega t}\mathrm{d}t=\int_{-\delta}^{\delta}\mathrm{e}^{-\mathrm{i}\omega t}\mathrm{d}t$$

$$= \frac{1}{-\mathrm{i}\omega}\mathrm{e}^{-\mathrm{i}\omega t}\Big|_{-\delta}^{\delta} = \frac{1}{-\mathrm{i}\omega}(\mathrm{e}^{-\mathrm{i}\omega\delta} - \mathrm{e}^{\mathrm{i}\omega\delta})$$

$$= 2\frac{\sin(\delta\omega)}{\omega} = 2\delta\frac{\sin(\delta\omega)}{\delta\omega}.$$

$f(t)$的傅里叶积分表达式，即其傅里叶逆变换为

$$f(t) = \frac{1}{2\pi}\int_{-\infty}^{+\infty}\frac{2\sin(\delta\omega)}{\omega}\mathrm{e}^{\mathrm{i}\omega t}\mathrm{d}\omega$$

$$= \frac{1}{2\pi}\int_{-\infty}^{+\infty}\frac{2\sin(\delta\omega)}{\omega}\cos(\omega t)\mathrm{d}\omega + \frac{\mathrm{i}}{2\pi}\int_{-\infty}^{+\infty}\frac{2\sin(\delta\omega)}{\omega}\sin(\omega t)\mathrm{d}\omega$$

$$= \frac{2}{\pi}\int_{-\infty}^{+\infty}\frac{\sin(\delta\omega)}{\omega}\cos(\omega t)\mathrm{d}\omega.$$

结合矩形脉冲表达式，可得其傅里叶积分表达式为

$$f(t) = \frac{2}{\pi}\int_{-\infty}^{+\infty}\frac{\sin(\delta\omega)}{\omega}\cos(\omega t)\mathrm{d}\omega = \begin{cases} 1 & (|t| < \delta), \\ \frac{1}{2} & (|t| = \delta), \\ 0 & (|t| > \delta). \end{cases}$$

附录 B
复变函数与拉普拉斯变换

B.1 概念与性质

拉普拉斯变换（Laplace transform）是一种用于将时域函数转换为复频域函数的数学工具. 在控制理论、信号处理和电路分析等领域中得到广泛应用. 其数学定义如下：

定义 B.1

设函数$f(t)$是定义在$[0, +\infty)$上的实值函数，如果对于复参数$s=\beta+\mathrm{i}\omega$，积分

$$F(s) = \int_0^{+\infty} f(t)\mathrm{e}^{-st}\mathrm{d}t$$

在复平面 s 的某一区域内收敛，则称 $F(s)$ 为 $f(t)$ 的拉普拉斯变换，写为$F(s)=\mathcal{L}[f(t)]$；称$f(t)$为$F(s)$的拉普拉斯逆变换，写为$f(t)=\mathcal{L}^{-1}[F(s)]$. $f(t)$称为原函数，$F(s)$称为象函数.

定理 B.1

设函数$f(t)$满足：

(1) 在 $t\geqslant 0$ 的任何有限区间上分段连续；

(2) 存在常数 $M>0$ 以及 c，使得

$$|f(t)| \leqslant Me^{ct} \quad (0 \leqslant t < +\infty).$$

其中，c 为 $f(t)$ 的增长指数，则象函数 $F(s)$ 在半平面 $\mathrm{Re}\, s > c$ 上一定存在.

证明：$s = \beta + \mathrm{j}\omega$，则 $|\mathrm{e}^{-st}| = \mathrm{e}^{-\beta t}$，易知

$$|F(s)| = \left|\int_0^{+\infty} f(t)\mathrm{e}^{-st}\mathrm{d}t\right| \leqslant M\int_0^{+\infty} \mathrm{e}^{-(\beta - c)t}\mathrm{d}t.$$

由 $\mathrm{Re}\, s = \beta > c$，即 $\beta - c > 0$，可知上式右端积分收敛，因此 $F(s)$ 在半平面 $\mathrm{Re}\, s > c$ 上存在. ■

拉普拉斯变换存在如下基本性质：

（1）线性性质.

设函数之和满足拉普拉斯变换存在的条件，$\mathcal{L}[f_1(t)] = F_1(s)$，$\mathcal{L}[f_2(t)] = F_2(s)$，则在它们象函数定义域的共同部分上有

$$\mathcal{L}[af_1(t) + bf_2(t)] = aF_1(s) + bF_2(s),$$

其中，a 和 b 是常数.

（2）相似性质.

设 $\mathcal{L}[f(t)] = F(s)$，则对任一常数 $a > 0$ 有

$$\mathcal{L}[f(at)] = \frac{1}{a}F\left(\frac{s}{a}\right).$$

证明：根据拉普拉斯变换定义，有

$$\mathcal{L}[f(at)] = \int_0^{+\infty} f(at)\mathrm{e}^{-st}\mathrm{d}t.$$

令 $x = at$，上式转换为 $\frac{1}{a}\int_0^{+\infty} f(x)\mathrm{e}^{-\left(\frac{1}{a}\right)x}\mathrm{d}x$，此时有

$$\frac{1}{a}\int_0^{+\infty} f(x)\mathrm{e}^{-\left(\frac{s}{a}\right)x}\mathrm{d}x = \frac{1}{a}F\left(\frac{s}{a}\right).$$ ■

（3）微分性质（导数的象函数）.

如果各阶导数 $f'(t), f''(t), \cdots, f^{(n)}(t)$ 均满足拉普拉斯变换存在的条件，如果 $\mathcal{L}[f(t)] = F(s)$，则

$$\mathcal{L}[f'(t)] = sF(s) - f(0),$$

$$\mathcal{L}[f''(t)] = s^2F(s) - f'(0) - sf(0).$$

如果初始条件为零，则

$$\mathcal{L}[f'(t)]=sF(s),\ \mathcal{L}[f''(t)]=s^2F(s).$$

或更一般地，有

$$\mathcal{L}[f^{(n)}(t)]=s^nF(s)-s^{n-1}f(0)-s^{n-2}f'(0)-\cdots-f^{(n-1)}(0).$$

证明：根据拉普拉斯变换的定义及分部积分法，计算得

$$\begin{aligned}\mathcal{L}[f'(t)]&=\int_0^{+\infty}f'(t)\mathrm{e}^{-st}\mathrm{d}t\\&=f(t)\mathrm{e}^{-st}\Big|_0^{+\infty}+s\int_0^{+\infty}f(t)\mathrm{e}^{-st}\mathrm{d}t.\end{aligned}$$

由于 $|f(t)\mathrm{e}^{-st}|\leqslant M\mathrm{e}^{-(\beta-c)t}$，$\mathrm{Re}\,s=\beta>c$，故 $\lim\limits_{t\to+\infty}f(t)\mathrm{e}^{-st}=0$. 因此，

$$\mathcal{L}[f'(t)]=sF(s)-f(0).$$

利用数学归纳法，可以推出一般性结论. ■

(4) 微分性质（象函数的导数）.

如果 $\mathcal{L}[f(t)]=F(s)$，则有

$$F'(s)=-\mathcal{L}[tf(t)],$$

或更一般地，有

$$F^{(n)}(s)=(-1)^n\cdot\mathcal{L}[t^nf(t)].$$

证明：由 $F(s)=\int_0^{+\infty}f(t)\,\mathrm{e}^{-st}\mathrm{d}t$，有

$$\begin{aligned}F'(s)&=\frac{\mathrm{d}}{\mathrm{d}s}\int_0^{+\infty}f(t)\,\mathrm{e}^{-st}\mathrm{d}t=\int_0^{+\infty}\frac{\partial}{\partial s}[f(t)\mathrm{e}^{-st}]\mathrm{d}t\\&=-\int_0^{+\infty}tf(t)\mathrm{e}^{-st}\mathrm{d}t=-\mathcal{L}[tf(t)].\end{aligned}$$

通过递推可以得到象函数导数的一般性结论. ■

(5) 积分性质（原函数的积分）.

如果 $\mathcal{L}[f(t)]=F(s)$，则有

$$\mathcal{L}\left[\int_0^t f(t)\mathrm{d}t\right]=\frac{1}{s}F(s)$$

或更一般地，有

$$\mathcal{L}\left[\int_0^t\mathrm{d}t\int_0^t\mathrm{d}t\cdots\int_0^t f(t)\mathrm{d}t\right]=\frac{1}{s^n}F(s).$$

上式左侧为 n 次积分嵌套.

证明：设 $g(t)=\int_0^t f(t)\mathrm{d}t$，则 $g'(t)=f(t)$ 且 $g(0)=0$. 根据拉普拉斯变换的微分性质有

$$\mathcal{L}[g'(t)]=s\mathcal{L}[g(t)]-g(0),$$

即有 $\mathcal{L}\left[\int_0^t f(t)\mathrm{d}t\right]=\frac{1}{s}F(s)$. 进而可以推出一般性结论. ■

（6）积分性质（象函数的积分）.

如果 $\mathcal{L}[f(t)]=F(s)$，则有

$$\int_s^{\infty}F(s)\mathrm{d}s=\mathcal{L}\left[\frac{f(t)}{t}\right],$$

或更一般地，有

$$\int_s^{\infty}\mathrm{d}s\int_s^{\infty}\mathrm{d}s\cdots\int_s^{\infty}F(s)\mathrm{d}s=\mathcal{L}\left[\frac{f(t)}{t^n}\right]$$

上式左侧为 n 次积分嵌套.

证明：

$$\int_s^{\infty}F(s)\mathrm{d}s=\int_s^{\infty}\left[\int_0^{+\infty}f(t)\mathrm{e}^{-st}\mathrm{d}t\right]\mathrm{d}s=\int_0^{+\infty}f(t)\left[\int_s^{\infty}\mathrm{e}^{-st}\mathrm{d}s\right]\mathrm{d}t$$

$$=\int_0^{+\infty}f(t)\cdot\left[-\frac{1}{t}\mathrm{e}^{-st}\right]\Bigg|_s^{\infty}\mathrm{d}t=\int_0^{+\infty}\frac{f(t)}{t}\mathrm{e}^{-st}\mathrm{d}t=\mathcal{L}\left[\frac{f(t)}{t}\right].$$

进而可以推出一般性结论. ■

（7）初值定理.

如果 $\mathcal{L}[f(t)]=F(s)$ 则

$$\lim_{t\to 0}f(t)=\lim_{s\to\infty}sF(s).$$

（8）终值定理.

如果 $\mathcal{L}[f(t)]=F(s)$，则

$$\lim_{t\to\infty}f(t)=\lim_{s\to 0}sF(s).$$

（9）延迟性质.

如果 $\mathcal{L}[f(t)]=F(s)$，当 $t<0$ 时，$f(t)=0$，则对任一非负实数 τ 有

$$\mathcal{L}[f(t-\tau)]=\mathrm{e}^{-s\tau}F(s).$$

证明：由定义有

$$\mathcal{L}[f(t-\tau)]=\int_0^{+\infty}f(t-\tau)\mathrm{e}^{-st}\mathrm{d}t=\int_{\tau}^{+\infty}f(t-\tau)\mathrm{e}^{-st}\mathrm{d}t,$$

令 $t_1=t-\tau$，有

$$\mathcal{L}[f(t-\tau)]=\int_0^{+\infty}f(t_1)\mathrm{e}^{-s(t_1+\tau)}\,\mathrm{d}t_1=\mathrm{e}^{-s\tau}F(s).$$ ■

(10) 位移性质.

假设 $\mathcal{L}[f(t)]=F(s)$，a 为复常数，则有

$$\mathcal{L}[\mathrm{e}^{at}f(t)]=F(s-a).$$

证明：由定义有

$$\begin{aligned}\mathcal{L}[\mathrm{e}^{at}f(t)]&=\int_0^{+\infty}\mathrm{e}^{at}f(t)\mathrm{e}^{-st}\mathrm{d}t\\&=\int_0^{+\infty}f(t)\mathrm{e}^{-(s-a)t}\,\mathrm{d}t=F(s-a).\end{aligned}$$ ■

(11) 卷积性质.

两个函数的卷积定义为

$$f_1(t)*f_2(t)=\int_{-\infty}^{+\infty}f_1(\tau)f_2(t-\tau)\mathrm{d}\tau.$$

当函数 $f_1(t)$ 与 $f_2(t)$ 满足当 $t<0$ 时，$f_1(t)=f_2(t)=0$，则有

$$\int_{-\infty}^{+\infty}f_1(\tau)f_2(t-\tau)\mathrm{d}\tau=\int_0^{+\infty}f_1(\tau)f_2(t-\tau)\mathrm{d}\tau=\int_0^{t}f_1(\tau)f_2(t-\tau)\mathrm{d}\tau.$$

因此，卷积的数学定义式变为

$$f_1(t)*f_2(t)=\int_0^{t}f_1(\tau)f_2(t-\tau)\mathrm{d}\tau\quad(t\geqslant 0).$$

拉普拉斯变换的卷积性质表示为：假设 $\mathcal{L}[f_1(t)]=F_1(s)$，$\mathcal{L}[f_2(t)]=F_2(s)$，则有

$$\mathcal{L}[f_1(t)*f_2(t)]=F_1(s)\cdot F_2(s).$$

例 B.1 求方程 $x'''+3x''+3x'+x=1$ 的满足初始条件 $x(0)=x'(0)=x''(0)$ 的解.

解：对方程两端进行拉普拉斯变换，得 $(s^3+3s^2+3s+1)X(s)=\frac{1}{s}$. 由此得

$$X(s)=\frac{s^3+3s^2+3s+1}{s}.$$

把上式右端分解成分式

$$X(s)=\frac{1}{s}-\frac{1}{s+1}-\frac{1}{(s+1)^2}-\frac{1}{(s+1)^3}.$$

对上式两端各项分别求出其原函数，再求和，得原微分方程的解为

$$X(t)=1-\mathrm{e}^{-t}-t\mathrm{e}^{-t}-\frac{1}{2}t^2\mathrm{e}^{-t}=1-\frac{1}{2}(t^2+2t+1)\mathrm{e}^{-t}.$$

B.2　拉普拉斯逆变换与复变函数积分

已知函数 $f(t)$ 经过拉普拉斯变换后得到 $F(s)$，则原函数可由象函数 $F(s)$ 经过拉普拉斯逆变换得到：

$$f(t)=\mathcal{L}^{-1}[F(s)]=\frac{1}{2\pi\mathrm{i}}\int_{\beta-\mathrm{i}\infty}^{\beta+\mathrm{i}\infty}F(s)\mathrm{e}^{st}\,\mathrm{d}s$$

上述公式是通过象函数 $F(s)$ 求解原函数 $f(s)$ 的一般公式，称为反演积分公式. 右端的积分称为反演积分，积分路径可以视为在复平面 s 上的一条直线 $\mathrm{Re}\ s=\beta$，这条直线也被称作 Bromwich Line.

拉普拉斯逆变换通常用查表法求得，主要是因为上述公式的计算过程十分复杂. 然而，拉普拉斯逆变换背后的数学逻辑正是源于第 3 章重点讲解的复变函数积分.

构造曲线 $C=L+C_R$，曲线 C_R 是一段以原点为中心半径为 R 的圆弧，圆弧和 Bromwich Line 的交点连接成的线段记为 L，两者共同构成 Bromwich Contour，记为 C.

根据复变函数积分，有

$$\frac{1}{2\pi\mathrm{i}}\oint_C\mathrm{e}^{st}F(s)\,\mathrm{d}s=\frac{1}{2\pi\mathrm{i}}\int_{\beta-\mathrm{i}R}^{\beta+\mathrm{i}R}\mathrm{e}^{st}F(s)\,\mathrm{d}s+\frac{1}{2\pi\mathrm{i}}\int_{C_R}\mathrm{e}^{st}F(s)\,\mathrm{d}s$$

如果能找到常数 $M>0$，$k>0$，使得函数 $F(s)$ 在 C_R 上满足下式：

$$|f(s)|<\frac{M}{R^k},$$

则

$$\lim_{R\to\infty}\frac{1}{2\pi\mathrm{i}}\int_{C_R}\mathrm{e}^{st}F(s)\,\mathrm{d}s=0.$$

因此，反演积分公式转化为

$$\frac{1}{2\pi i}\oint_C e^{st} F(s)\mathrm{d}s = \frac{1}{2\pi i}\int_{\beta-iR}^{\beta+iR} e^{st}F(s)\mathrm{d}s.$$

当 $R\to\infty$ 时，有

$$\frac{1}{2\pi i}\oint_C e^{st}F(s)\mathrm{d}s = \frac{1}{2\pi i}\int_{\beta-i\infty}^{\beta+i\infty} e^{st} F(s)\mathrm{d}s.$$

后续的计算需要用到第 5 章留数的内容，留数的概念和复变函数积分密切相关.

B.3 拉普拉斯变换与传递函数

以微分方程为代表的时域函数能在时域上描述系统动态性能的数学模型，通过求解在给定方程和初始条件下的微分方程，能确定系统的输出响应，这是一种很直观的方法. 但是，当系统结构或参数发生变化时，需要重新列出并求解微分方程，而求解高阶微分方程是非常困难的. 拉普拉斯变换将实域中的积分（或微分）计算变成在复数域内进行代数运算，这类似对数运算操作，从而使得计算简化.

通过拉普拉斯变换，我们可根据控制系统的时域模型得到其在复频域中的数学模型——**传递函数**. 传递函数不仅可以表征系统的动态性能，而且可以用来研究系统的结构或参数变化对系统性能的影响. 经典控制理论中一些广泛应用的分析方法（如根轨迹法），其数学基础就是传递函数，传递函数是经典控制理论中非常重要且基本的概念.

下面对控制中比较常见的传递函数进行介绍：

（1）比例单元：$y(t) = Kx(t)$.

$$Y(s) = KX(s)\Rightarrow G(s) = \frac{Y(s)}{X(s)} = K.$$

（2）一阶惯性单元：$T\frac{\mathrm{i}y}{\mathrm{d}t} + y = Kx$.

$$TsY(s) + Y(s) = KX(s)\Rightarrow G(s) = \frac{Y(s)}{X(s)} = \frac{K}{Ts+1},$$

$$G(s) = \frac{Y(s)}{X(s)} = \frac{K}{Ts+1}\Rightarrow TsY(s) + Y(s) = KX(s),$$

$$\mathcal{L}^{-1}[TsY(s)]+\mathcal{L}^{-1}[Y(s)]=\mathcal{L}^{-1}[KX(s)]\Rightarrow T\frac{\mathrm{i}y}{\mathrm{d}t}+y=Kx.$$

（3）二阶惯性单元：$a\frac{\mathrm{i}^2y}{\mathrm{d}t^2}+b\frac{\mathrm{i}y}{\mathrm{d}t}+cy=Kx.$

$$as^2Y(s)+bsY(s)+cY(s)=KX(s)\Rightarrow(as^2+bs+c)Y(s)=KX(s),$$

$$G(s)=\frac{Y(s)}{X(s)}=\frac{K}{as^2+bs+c}.$$

（4）高阶系统：$a_ny^{(n)}+a_{n-1}y^{(n-1)}+\cdots+a_0y=b_mx^{(m)}+b_{m-1}x^{(m-1)}+\cdots+b_0x.$

对等式两边求取拉普拉斯变换，有

$$a_ns^nY(s)+a_{n-1}s^{n-1}Y(s)+\cdots+a_0Y(s)=b_ms^mX(s)+b_{m-1}s^{m-1}X(s)+\cdots+b_0X(s),$$

$$G(s)=\frac{Y(s)}{X(s)}=\frac{b_ms^m+b_{m-1}s^{m-1}+\cdots+b_0}{a_ns^n+a_{n-1}s^{n-1}+\cdots+a_0}.$$

当 $n\geqslant m$ 时，上式为真分数；当 $n=1$ 时，上式描述的系统称为一阶系统；当$n=2$ 时，上式描述的系统称为二阶系统；当 $n\geqslant3$ 时，上式描述的系统称为高阶系统.

（5）积分系统：$y=\frac{1}{a}\int x\mathrm{d}t.$

$$Y(s)=\frac{1}{as}X(s)\Rightarrow G(s)=\frac{Y(s)}{X(s)}=\frac{1}{as}.$$

（6）微分单元：$y=a\frac{\mathrm{d}x}{\mathrm{d}t}.$

$$Y(s)=asX(s)\Rightarrow G(s)=\frac{Y(s)}{X(s)}=as.$$

（7）PID 单元：$y=K_\mathrm{c}\left(x+\frac{1}{T_\mathrm{i}}\int x\mathrm{d}t+T_\mathrm{d}\frac{\mathrm{i}x}{\mathrm{d}t}\right).$

$$Y(s)=K_\mathrm{c}\left[X(s)+\frac{1}{T_\mathrm{i}s}X(s)+T_\mathrm{d}sX(s)\right]=K_\mathrm{c}\left[1+\frac{1}{T_\mathrm{i}s}+T_\mathrm{d}s\right]X(s),$$

$$G(s)=\frac{Y(s)}{X(s)}=K_\mathrm{c}\left(1+\frac{1}{T_\mathrm{i}s}+T_\mathrm{d}s\right).$$

（8）纯滞后单元：$y(t)=x(t-\tau).$

根据拉普拉斯变换的延迟性质，有

$$Y(s)=X(s)\mathrm{e}^{-\tau s}\Rightarrow G(s)=\frac{Y(s)}{X(s)}=\mathrm{e}^{-\tau s}.$$

(9) 一阶滞后单元：$T\frac{\mathrm{i}y(t+\tau)}{\mathrm{i}t}+y(t+\tau)=Kx(t)$.

$$Tse^{\tau s}Y(s)+e^{\tau s}Y(s)=KX(s),$$

$$(Ts+1)e^{\tau s}Y(s)=KX(s),$$

$$G(s)=\frac{Y(s)}{X(s)}=\frac{K}{Ts+1}e^{-\tau s}.$$

传递函数在使用上有如下重要性质：

(1) 由于拉普拉斯变换是线性积分运算，因此所得到的传递函数仅适用于线性时不变系统.

(2) 传递函数仅与系统自身的结构参数相关，与输入量和初始条件无关.

(3) 传递函数仅描述系统的输入和输出关系，不能反映系统的物理组成. 因此，具有不同物理结构的系统可以拥有相同的传递函数.

(4) 分母多项式的次数和分子多项式的次数应满足 $n\leqslant m$：

$$G(s)=\frac{Y(s)}{X(s)}=\frac{b_m s^m+b_{m-1}s^{m-1}+\cdots+b_0}{a_n s^n+a_{n-1}s^{n-1}+\cdots+a_0},$$

$$G(s)=\frac{K(s+z_1)(s+z_2)+\cdots+(s+z_m)}{(s+p_1)(s+p_2)+\cdots+(s+p_n)}=\frac{K\prod_{i=1}^{m}(s+z_i)}{\prod_{i=1}^{n}(s+p_i)}.$$

(5) 传递函数的分母是系统的特征多项式，而分母中最高次幂的 s 代表系统的阶数.

(6) 如果分子和分母有公共因子，它们可以被消除，则被称为零（极）点抵消. 只有当分子和分母都是最简单的时候，分母多项式的次数才是系统的阶数.

(7) 传递函数是复变量的有理分式. 分子和分母中的系数是实数，由物理参数决定. 零点和极点要么是实数，要么是共轭复数.

(8) 传递函数是在零初态条件下获得的. 零初态条件有两方面含义：其一，输入信号只能在 $t\leqslant0$ 时应用到系统，当 $t=0^-$ 时，输入信号及其导数都为零；其二，在输入信号应用到系统之前，系统保持稳定，且当 $t=0^-$ 时，输出及其导数均为零. 现实的工程控制系统多属于第二类情况.